功夫厨房系列

拌 快手美味 轻松享

甘智荣　主编

重庆出版集团 重庆出版社

图书在版编目（CIP）数据

拌：快手美味轻松享 / 甘智荣主编.
—重庆：重庆出版社,2016.3
ISBN 978-7-229-10663-8

Ⅰ.①拌… Ⅱ.①甘… Ⅲ.①凉菜－菜谱
Ⅳ.①TS972.121

中国版本图书馆CIP数据核字(2015)第269578号

拌： 快手美味轻松享
BAN:KUAISHOU MEIWEI QINGSONG XIANG

甘智荣　　主编

责任编辑：张立武
责任校对：李小君
装帧设计：深圳市金版文化发展股份有限公司
出版统筹：深圳市金版文化发展股份有限公司

重庆出版集团
重庆出版社　出版

重庆市南岸区南滨路162号1幢　　邮政编码：400061　http://www.cqph.com
深圳市雅佳图印刷有限公司印刷
重庆出版集团图书发行有限公司发行
邮购电话：023-61520646
全国新华书店经销

开本：720mm×1016mm　1/16　印张：15　字数：150千
2016年3月第1版　　2016年3月第1次印刷
ISBN 978-7-229-10663-8

定价：29.80元

如有印装质量问题，请向本集团图书发行有限公司调换：023-61520678

总序

随着生活节奏的加快，人们在工作之余越来越渴望美食的慰藉。如果您是在职场中打拼的上班族，无论是下班后疲惫不堪地走进家门，还是周末偶有闲暇希望犒劳一下辛苦的自己时，该如何烹制出美味可口而又营养健康的美食呢？或者，您是一位有厨艺基础的美食达人，又如何实现厨艺不断精进，烹制出色香味俱全的美食，不断赢得家人朋友的赞誉呢？当然，如果家里有一位精通烹饪的"食神"那就太好了！然而，作为普通百姓，延请"食神"下厨，那不现实。这该如何是好呢？尽管"食神"难请，但"食神"的技能您可以轻松拥有。求人不如求己，哪怕学到一招半式，记住烹饪秘诀，也能轻松烹制一日三餐，并不断提升厨艺，成为自家的"食神"了。

为此，我们决心打造一套涵盖各种烹饪技法的"功夫厨房"菜谱书。本套书的内容由名家指导编写，旨在教会大家用基本的烹饪技法来烹制各大菜系的美食。

这套丛书包括《炒：有滋有味幸福长》《蒸：健康美味营养足》《拌：快手美味轻松享》《炖：静心慢火岁月长》《煲：一碗好汤养全家》《烤：喷香滋味绕齿间》六个分册，依次介绍了烹调技巧、食材选取、营养搭配、菜品做法、饮食常识等在内的各种基本功夫，配以精美的图片，所选的菜品均简单易学，符合家常口味。本套书在烹饪方式的选择上力求实用、广泛、多元，从最省时省力的炒、蒸、拌，到慢火出营养的炖、煲，再到充分体现烹饪乐趣的烤，必能满足各类厨艺爱好者的需求。

该套丛书区别于以往的"功夫"系列菜谱，在于书中所介绍的每道菜品都配有名厨示范的高清视频，并以二维码的形式附在菜品旁，只需打开手机扫一扫，就能立即跟随大厨学做此菜，从食材的刀工处理到菜品最终完成，所有步骤均简单易学，堪称一步到位。只希望用我们的心意为您带来最实惠的便利！

凉拌菜，是将初步加工和焯水处理后的原料，经过添加红油、酱油、蒜粒等配料制作而成的菜肴。凉拌菜发展到现在，其种类层出不穷，五花八门，让人目不暇接。我国地域辽阔，凉拌菜也因此衍生出各种带有浓厚地域特色的分支，如东北凉拌菜、江浙凉菜、川式凉菜和贵州凉菜等。

在我国的筵席中，凉拌菜往往担负着"先声夺人"的重任。因为凉拌菜制作速递比较快，所以最先上凉拌菜可避免冷场。更重要的是，凉拌菜凭其鲜艳的色泽、脆爽的质感、多变的口味以及经过厨师巧妙的搭配和摆盘艺术都能勾起大家的食欲。

凉拌菜按菜的原料可分为生拌、熟拌两种。需要注意的是，无论采用哪种拌菜方法，首先要严格消毒。此外，在高温天气下，凉拌菜不适宜长时间存放，隔夜的凉拌菜不能吃，否则容易引起肠道疾病。

为了能让读者朋友在最短的时间内做好凉拌菜，本书所选的一百多道拌菜皆为家常菜式。针对每道菜，我们都从原料、调料、做法进行了详细介绍，再配以彩色菜例图以及步骤图，便于读者朋友学习和操作。同时，在每道菜中，我们不仅告诉了您凉拌菜的秘诀，更为您标明烹饪时间、味型以及营养功效，让您和家人吃得更合理、更健康。另外，本书所有菜谱都配有二维码视频，只要拿出手机扫一扫，就能在线看视频，学做菜，更加方便、直观。

本书在编写的过程中，难免出现纰漏，欢迎广大读者提出宝贵的意见。最后，祝愿大家拌出美味、吃出健康。

目录 ≪≪≪≪≪
CONTENTS

PART 1 凉拌菜——功夫厨房里的小清新 //////

PART 2 脆嫩不失营养，蔬果也能拌着吃 //////

PART 3 拌尽各种肉肉，尝遍麻辣鲜香 //////////

PART 4 馋嘴豆制品，"拌"出真功夫 //////////

PART 5 鱼虾蟹个个鲜，拌着吃好有爱 //////////

PART 6 菌豆鲜香味美，趣味美食拌出来 ////////

PART 7 主食有营养，配菜拌食都是主角儿 ////////

凉拌菜——
功夫厨房里的小清新

如果要找一个词语来形容凉拌菜，"小清新"最合适不过。这是因为无论在晏席上，还是在家庭餐桌上，凉拌菜也无论清淡还是麻辣，始终给人一种清爽、新鲜的感觉。本章将向大家介绍一些关于凉拌菜的拌制知识，希望大家能掌握并灵活运用于自己的实际烹饪中。

拌一道营养爽口的凉菜

凉拌菜是指将生的食材或凉的熟料切成丝、片、丁、末等形状后，再用各种调味品配制而成的菜肴。凉拌菜制作简单、味道爽口，深受大家的喜爱。下面让我们一起来学习有关凉菜的拌制技巧吧！

拌制凉菜的常用刀法

刀法的正确使用对凉菜的形状美观和营养成分的保存都非常重要。因此，在制作凉菜前，要先确定原料的质地软硬程度，然后选择正确的刀法，才能收到理想的效果。一般来说，凉菜使用的切刀法，按其施刀方法可分为直切、推切、拉切和滚刀切等。

（1）直切：就是将刀具垂直向下切入食材中，一般用左手按稳原料，右手执刀，一刀一刀切断食材。这种刀法适用于切萝卜、白菜、苹果等脆性的根菜食材或者新鲜水果，是制作凉拌菜时最常用的刀法之一。

（2）推切：是刀与原料垂直，切时刀由后向前推，着力点在刀的后部，一切推到底，不再向回拉。推切主要用于质地较松散、用直刀切容易破裂或散开的原料，如叉烧肉、熟鸡蛋等。

（3）拉切：也是在施刀时，刀与原料垂直，切时刀由前向后拉。实际上是虚推实拉，主要以拉为主，着力点在刀的前部。拉切适用于韧性较强的原料，如千张、海带、鲜肉等。

（4）滚刀切：是左手按稳原料，右手持刀不断下切，每切一刀将原料滚动一次。根据原料滚动的姿势和速度来决定切成片还是切成块。

一般情况是滚得快、切得慢，切出来的是块；滚得慢、切得快，切出来的是片。这种滚切法可切出多样的块、片，如：滚刀块、菱角块、梳子块等。

滚刀切多用于圆形或椭圆形脆性蔬菜类原料，如萝卜、青笋、黄瓜、茭白等。

拌制凉菜的具体要求

（1）选材要新鲜。凉拌菜多数生食或仅经过焯烫，因此要选择新鲜材料，若能选择当季盛产的有机蔬菜更佳。

（2）清洗要彻底。在菜叶的根部或菜叶中，经常会附着沙石、虫卵。因此清洗这类食材要仔细冲洗干净。

（3）水分要沥干。凉菜在经过焯烫后会留下不少水分，如果材料上留有过多水分，会令味道变淡。所以，要沥干或抹去水分，才可浇上调味汁。

（4）改刀要均匀。所有材料宜改刀成大小均匀的形状，这样不仅能让菜看美观诱人，还能使调味料入味均匀。而有些新鲜蔬菜可用手撕成小片后拌制，口感会比用刀切还好。

（5）酱汁要先调和。各种不同的调味料宜先用小碗调匀。最好能先放入冰箱里冷藏一段时间，待要上桌时再和菜肴一起拌匀。

（6）冷藏盛菜器皿。盛装凉拌菜的盘子可预先冷藏，冰凉的盘子装上冰凉的菜肴，会增加凉拌菜的清爽口感。

（7）适时淋上酱汁。不要太早浇入调味酱汁，因多数蔬菜遇盐都会释放水分，会冲淡调味。因此，最好等菜肴准备上桌时，再淋上酱汁调拌。

（8）部分食材需焯水后拌制。并非每一种蔬菜都适合直接生食。有些蔬菜最好放在开水里焯一下再吃，有些蔬菜则必须烹制熟透后再食用。

如西蓝花等蔬菜，焯过水之后口感更好，其丰富的纤维素也更容易被吸收利用。

菠菜、竹笋、茭白等蔬菜因富含草酸，会影响人体对钙的吸收，也应焯过后再烹制。

此外，像大头菜、马齿苋、莴苣等这些蔬菜都应该先焯过水之后再食用。

拌制凉菜的注意事项

凉菜在材料制作和材料搭配上是很有讲究的。对于想要做出美味凉菜的人来说，仅仅了解凉菜的制作是不够的，还要知道材料制作以及材料搭配的一些注意事项。

①制作凉菜的刀具和盛菜器皿要洗干净。盛装凉拌菜的盘子如能预先冰过，冰凉的盘子装上冰凉的菜肴，绝对可以增加凉拌菜的美味。另外，切制蔬果的菜板要生熟分开，刀具以及盛菜器皿也要生熟分开。

②凉拌菜的材料要严格消毒，在生拌鲜蔬菜、果品时，首先要用清水冲洗干净，然后在沸水中快速焯洗消毒，以防食入病菌或残留农药而导致身体不适。

③凉菜的选料一定要新鲜容易打理，切菜时要切成均匀的大小。有些新鲜蔬菜可以用手撕成小片，以便充分均匀地吸收调味汁。

④吃西红柿时最好先用清水洗净后，再用开水烫一下，去皮后再吃；莴笋、胡萝卜最好先削皮，洗净，再用开水烫一下，拌上调料腌1~2小时再吃；土豆、芋头、山药等含淀粉的蔬菜必须熟吃，否则其中的淀粉粒易导致消化不良；芸豆、毛豆等豆类生吃很容易引起不适，即使凉拌，也一定要先将它们煮熟；菠菜、苋菜、空心菜、竹笋、洋葱、茭白都属于含草酸较多的蔬菜，在肠道内会与钙结合成难溶的草酸钙，影响人体对钙的吸收。因此，这些蔬菜在凉拌前一定要用开水焯一下，除去草酸后再食用。

⑤夏季，很多人喜欢把凉菜存放在冰箱里，慢慢取食。其实，这样做极不卫生。有一种病菌可在冰箱冷藏室的温度下繁殖，这种病菌会引起与沙门氏菌所引起的极为相似的肠道疾病。因此，凉拌菜尤其是蔬菜最好现做现吃，做凉菜时可以加醋、姜和蒜泥，一定程度上还能抑制细菌，提高安全性。

凉拌菜的养生之道

我们知道，凉拌菜大多是由生鲜蔬菜调制而成，而生吃蔬菜可最大限度地保留蔬菜中的营养物质，从而起到防癌抗癌和预防多种疾病的作用。这是因为大多数的蔬菜中含有一种叫干扰素诱生剂的免疫物质，它能作用于人体细胞的干扰素基因，产生干扰素，最终成为人体细胞的健康"卫士"，发挥抑制人体细胞癌变和抗病毒感染的作用。但是这种干扰素诱生剂不能耐高温，所以只有生食蔬菜才能发挥其作用。因此，凡是可以生吃的蔬菜，最好生吃；而不能生吃的蔬菜也不要炒得太熟，尽量减少营养物质的损失。

在夏季里，由于天气炎热，人出汗量较大而导致缺少维生素和矿物质；再加上潮湿，人体的肠胃消化功能也会减弱，出现食欲下降的现象。

很多人有这么一个观念，认为凉拌菜是夏季的时令菜肴，不适宜冬季食用。其实，在寒冷的冬季，很多人为了进补，食用过多的甘温、油腻的食物也可能"上火"。虽然在传统的养生理念中，冬季寒冷，为了顺应气候要多吃热性食物。但由于现在暖气和空调的作用，冬天通常室温较高，人们穿得多、活动少，容易造成体内积热。此时再吃大量甘温、油腻的食物，容易导致胃肺火盛。因此，若能调整饮食，吃些清爽的凉拌菜，对身体大有好处。冬天适量吃些凉性食物能"治表又治本"，有效预防上火。如凉拌的黄瓜、番茄、生菜均可"降火"。此外，不少家常凉拌菜，如手拍黄瓜、炝拌莴笋等都有清热去火的效果。在做凉菜时不妨放点具有杀菌作用的拌料，如蒜、洋葱、韭菜、大葱，既可调味又能保证卫生。但需要特别注意的是，胃肠不适或体虚怕寒的人还是不太适合冬天吃凉拌菜。

水果虽然清凉可口，但毕竟只是餐饮的点缀。而食用凉拌菜则会刺激食欲，令人胃口大开，还能有效地补充微量元素，使人精力充沛。

凉拌菜的常用调味汁以及调味技巧

凉拌菜做得好不好吃，关键在于调味汁的调制。那么，怎样才能做出好吃的调味汁呢？它们又有什么调味技巧？

常用的调味汁

花椒油

蒜蓉汁

植物油

花椒油

原料：花椒粒、植物油

做法：炒锅置火上，放入花椒粒，倒入没过花椒粒的植物油，小火慢慢炸至花椒粒出香味且颜色变深，离火，过滤掉花椒粒，将花椒油装入干净的密闭盛器中，随吃随用即可。

蒜蓉汁

原料：大蒜、盐

做法：大蒜去皮，拍扁，放入搅拌机中搅打成泥，倒入干净的盛器中，加盐搅拌均匀即可。

红油

原料：盐、味精、植物油、干辣椒丝

做法：炒锅置火上，倒入植物油小火烧热，放入干辣椒丝炸出香味，加盐、味精调匀即可。

姜汁

原料：鲜姜末、盐、醋、香油、味精

做法：将所有原料放入碗中，加适量水调匀即成。

麻辣汁

原料：花椒、香油、辣椒酱、芝麻、酱油、白糖、盐

做法：将几粒花椒放在热锅内炒至呈焦黄色，取出研磨成末。锅中倒入香油烧热，下入辣椒酱、芝麻煸至出红油且香味散出时盛出，加酱油及少许白糖、盐，撒上花椒末搅匀即成。

椒麻汁

原料：花椒、葱白、葱叶、酱油、香油、鸡精

做法：将等量花椒、葱白、葱叶剁成蓉，加酱油、香油、鸡精调匀即成。

姜汁

酱油

花椒

调味技巧

凉菜在口味上十分丰富多样，而要保证口味的多样和可口，调味是制作凉菜最关键的步骤。

①在制作凉菜时要根据原料和食用者对酸、甜、苦、辣、鲜、香、咸的要求，正确选择调味品，并且按照各种调料的特性，酌量、适时使用调料，否则将无法拌出美味可口的凉菜。

②调味时要注意，蔬果比较重视原味，海鲜要尝出鲜嫩，因此在调味时不应放太多调味料；若要去除肉类腥膻时，则应添加重口味的香料或调味料。

③在调味汁的调制上，要注重个人的口味。同时，还要注意加上醋、蒜蓉汁等调料。这么做既可以使凉菜鲜美开胃，又具有一定的杀菌功效。

④酸味凉菜的主要调味材料是醋。由于酸的作用，过早放入会使原本鲜绿的食材变黄，所以最好在上桌时才调

入；做凉菜时姜为主要的提味品，在制作时一定要切成蓉或细末才能入味。

⑤味精是鲜味调料，要趁菜热时加入，菜冷后加入提不起鲜味。如在拌凉菜时使用，最好先用热水化开再调入。

⑥白糖能引出蔬菜中的天然甘甜，使菜看更加美味。腌泡菜时加入白糖还能加速发酵，但应适量。如果在制作凉菜时加入过多的白糖会使甜味过重，而掩盖住别的调味料的味道。

⑦辣椒可以使凉菜更加开胃，但是对于胃肠功能较弱的人来说，吃太辣的凉菜会给身体造成负担。花椒是增添菜看香气的必备配料，腌拌后能散发出特有的麻味，但花椒的味道很多人不能适应，所以使用时要谨慎。

⑧米酒、黄酒的主要作用为去腥，能加速发酵及杀死发酵后产生的不良菌，只是在凉拌菜看时最好不要放太多。

蔬菜、水果、肉类、禽蛋、海产等，都可以制作出各式各样不同口味的凉拌菜。其中，蔬菜是制作凉拌菜的常用食材；凉拌的蔬菜一般气味清新，口感清脆有劲，可生食或仅以热水焯烫，就能散发香气。根据各种蔬菜的不同特性，可将其分为以下三类。

适合生食的蔬菜

　　可生食的蔬菜大多有甘甜的滋味及脆嫩的口感，因加热会破坏营养及口感，通常只需洗净即可直接调味拌匀食用，如胡萝卜、番茄、黄瓜、柿子椒、大白菜心、卷心菜等。

生熟食皆宜的蔬菜

　　这类蔬菜气味独特，口感清脆，含有大量纤维质。洗净后可直接调拌生食，口味十分清鲜。若以热水焯烫后拌食，则口感会变得稍软，但也不会减损原味，如芹菜、甜椒、芦笋、秋葵、苦瓜、白萝卜、海带等。

需焯烫后食用的蔬菜

　　这类蔬菜通常淀粉含量较高或具生涩气味，但只要以热水焯过后即可有脆嫩的口感和清鲜的滋味，如以下三类：第一类是十字花科蔬菜，如西蓝花、花菜等，这些富含营养的蔬菜焯过后口感更好，其中丰富的纤维素也更容易消化。第二类是含草酸较多的蔬菜，如菠菜、竹笋、茭白等。草酸在肠道内会与钙结合成难吸收的草酸钙，干扰人体对钙的吸收。因此，凉拌前一定要用开水焯一下，除去其中大部分草酸。第三类是芥菜类蔬菜，如大头菜（根用芥菜）等，它们含有一种叫硫代葡萄糖普的物质，经水解后能产生挥发性芥子油，具有促进消化吸收的作用。

如何打造一道美味可口的凉拌菜

将凉菜拌好之后，接下来最关键的一步就是拼盘了。拼盘的好坏直接影响着菜肴的美观，进而影响着视觉享受。

凉菜拼盘是多种美味凉菜的组合，可让口味不同的人一起进食。好的拼盘不仅可以使食用者选择自己喜欢的凉菜，还可以在一道菜中体味到不同材料和口味的美妙感觉。

制作凉菜拼盘时，要经过垫底、围边、盖面三个步骤。做好这些步骤，可以使制作出的凉菜显示出大气和品味。垫底就是把刀工处理过程中出现的边角碎料或较次的原料放到盘底垫成拟订图案形状的雏形。围边就是用切得比较整齐的原料，将垫底碎料的边沿盖上。围边的原料要切得厚薄均匀，并根据拼盘的式样规格等将边角修切整齐。盖面就是用质量最好、切得最整齐的原料，整齐均匀地盖在垫底原料的上面，使整个拼盘显得饱满、整齐、美观。此外，一些凉菜拼盘制作好以后，还要根据需要浇上调味汁，或者用一些原料加以装饰和点缀。

简易的凉菜拼盘有双拼、三拼、四拼、五拼、什锦拼五种不同的拼摆形式。

双拼是把两种不同的凉菜拼摆在一起，要求刀工整齐美观，色泽对比分明。双拼的拼法多种多样，可将两种凉菜摆在盘子的两边，也可以将一种凉菜摆在下面，另一种盖在上面，还可将一种凉菜摆在中间，另一种围在四周。

三拼是把三种不同的凉菜拼摆在一个盘子里。三拼最常用的装盘形式，是从圆盘的中心点将圆盘划分成三等份，每份摆上一种凉菜，也可将三种凉菜分别摆成内外三圈。

四拼的装盘方法和三拼基本相同，只不过增加了一种凉菜而已。四拼最常用的装盘形式，是从圆盘的中心点将圆盘划分成四等份，每份摆上一种凉菜，也可在周围摆上三种凉菜，中间再摆上一种凉菜。

五拼，也称中拼盘、彩色中盘，是在四拼的基础上，再增加一种凉菜。五拼最常用的装盘形式是将四种凉菜呈放射状摆在圆盘四周，中间再摆上一种凉菜。

什锦拼是把五种以上的凉菜拼摆在一只大盘内，装盘形式有圆、五角星、九宫格、葵花、梅花等形状。

脆嫩不失营养，
蔬果也能拌着吃

由于蔬果中含有各种有机酸、芳香物质和多种不同色素成分，人们可以烹调出口味各异、花样繁多的佳肴，对增加食欲、促进消化具有重要意义。本章就向大家介绍如何利用各种蔬菜和水果，拌制出各种诱人的凉拌菜。

白菜梗拌胡萝卜丝

烹饪时间：3分钟　　口味：清淡

原料准备 🌽

白菜梗·········120克
胡萝卜·········200克
青椒···········35克
蒜末···········少许
葱花···········少许

调料 🧂

盐·············3克
鸡粉···········2克
生抽···········3毫升
陈醋···········6毫升
芝麻油·········适量

制作方法 🍲

1　将洗净的白菜梗切成粗丝；洗好去皮的胡萝卜切成细丝；洗净的青椒切成丝。

2　在锅中加水烧开，加入盐、胡萝卜丝，煮约1分钟；放入白菜梗、青椒，煮断生后捞出。

3　把焯煮好的食材装入碗中，加入盐、鸡粉，淋入少许生抽、陈醋，倒入芝麻油。

4　撒上蒜末、葱花，搅拌至食材入味；取一个干净的盘子，盛入拌好的菜肴即成。

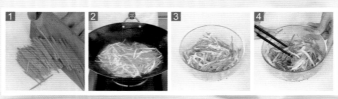

拌·功·秘·诀

焯食材时，可以放入少许食用油，能使拌好的食材更爽口。

白菜玉米沙拉

烹饪时间：5分钟　口味：清淡

原料准备

生菜⋯⋯⋯⋯40克

白菜⋯⋯⋯⋯50克

玉米粒⋯⋯⋯80克

去皮胡萝卜⋯40克

柠檬汁⋯⋯⋯10毫升

调料

盐⋯⋯⋯⋯⋯2克

蜂蜜⋯⋯⋯⋯适量

橄榄油⋯⋯⋯⋯适量

制作方法

1 将胡萝卜洗净后切成丁；白菜洗净后切条，再切成块；生菜洗净后切成块。

2 在锅中加水烧开，倒入胡萝卜、玉米粒、白菜，焯煮断生，捞出，放入凉水中，冷却后捞出，放入碗中。

3 碗中放入生菜，加入盐、柠檬汁、蜂蜜、橄榄油。

4 用筷子搅拌均匀，倒入盘中即可。

拌·功·秘·诀

可以根据自己的喜好，加入适量沙拉酱或酸奶，这样吃起来口感更好。

白萝卜甜椒沙拉

烹饪时间：1分钟　　口味：淡

原料准备 🥜

黄瓜·············40克
彩椒·············60克
白萝卜·········80克

调料 🥄

盐·················2克
蛋黄酱··········适量

制作方法 🍽

1 将洗净去皮的白萝卜切片，再切成丝；洗好的黄瓜切成片，再切成丝，待用。

2 将洗净的彩椒切开，去籽，再切成丝。

3 将切好的白萝卜丝装入碗中，加入少许盐，腌渍10分钟。

4 在锅中加入适量清水，用大火烧开，倒入彩椒丝，搅匀，略煮一会儿。

5 捞出彩椒，放入凉水中过凉；捞出，沥干水分，装入碗中。

6 将腌渍好的白萝卜丝捞出，挤去多余水分，装入碗中，再放入黄瓜丝，加入少许盐，拌匀。

7 将拌好的食材装入盘中，最后挤上蛋黄酱即可。

🥢 **拌·功·秘·诀**

蛋黄酱口感偏腻，可根据自己口味酌情添加，对于口感偏清淡者不宜添加过多。

橄榄油芹菜拌白萝卜

烹饪时间：2分钟　　口味：辣

原料准备 🥬

芹菜···········80克

白萝卜·······300克

红椒···········35克

调料 🧂

橄榄油··········适量

盐···············2克

白糖············2克

鸡粉············2克

辣椒油········4毫升

制作方法 🍲

1 将洗净的芹菜拍扁，切段。

2 白萝卜切片，改切成丝；红椒切开，去籽，切成丝。

3 在锅中加入适量清水烧开，放少许盐，倒入适量橄榄油，拌匀。

4 放入白萝卜丝煮沸，加入芹菜段、红椒丝，煮约1分钟至熟。

5 把煮好的食材捞出，沥干水分。

6 把食材装入碗中，加盐、白糖、鸡粉、辣椒油、橄榄油，拌匀。

7 将拌好的食材装盘即可。

🥢 **拌·功·秘·诀**

橄榄油不经加热即可直接食用，凉拌菜中加入橄榄油，不但可以增加菜肴的鲜度，更能增强菜肴的营养价值。

黄瓜拌土豆丝

烹饪时间：2分钟　　口味：清淡

原料准备

去皮土豆……250克
黄瓜…………200克
熟白芝麻……15克

调料

盐……………适量
白糖…………1克
芝麻油………适量
白醋…………5毫升

制作方法

1 将黄瓜洗净后切成丝；土豆洗净后切片，再切成丝。

2 取一个干净的碗装入清水，放入土豆丝，稍拌片刻，去除表面的淀粉，将水倒掉。

3 在沸水锅中倒入洗过的土豆丝，焯煮至断生，捞出，过一遍凉水后捞出，装盘待用。

4 往土豆丝中放入黄瓜丝，拌匀；加入盐、白糖、芝麻油、白醋，拌匀，装入碟中，撒上熟白芝麻即可。

拌·功·秘·诀

可依据个人的喜好，加点辣椒油拌匀，酸辣的口感会更开胃。

拌·功·秘·诀

焯食材时，可以放入少许食用油，能使拌好的食材更爽口。

原料准备

黄瓜…………175克
红椒圈………10克
干辣椒………少许
花椒…………少许

调料

鸡粉、盐、白糖各2克
生抽…………4毫升
陈醋…………5毫升
辣椒油………10毫升
食用油………适量

制作方法

1 将黄瓜洗净后切段，切成细条形，去除瓜瓤。

2 用油起锅，倒入干辣椒、花椒，爆香；盛出热油，滤入小碗中，待用。

3 取一个干净的小碗，放入鸡粉、盐、生抽、白糖、陈醋、辣椒油、热油，拌匀；放入红椒圈，拌匀，制成味汁。

4 将黄瓜条放入盘中，摆放整齐，把味汁浇在黄瓜上即可。

川辣黄瓜

烹饪时间：3分钟　口味：辣

拌·功·秘·诀

菠萝块最好先用淡盐水浸泡一会儿，成品菜肴的口感会更好。

原料准备

菠萝肉········ 100克

圣女果·········· 45克

黄瓜·············· 80克

调料

沙拉酱·········· 适量

制作方法

1 将黄瓜洗净后切开，再切成薄片；圣女果洗净后对半切开；备好的菠萝肉切成小块。

2 取一个干净的大碗，倒入黄瓜片，放入切好的圣女果。

3 撒上菠萝块，快速搅拌，使食材混合均匀。

4 另取一个干净的盘子，盛入拌好的材料，摆好盘；最后挤上少许沙拉酱即可。

烹饪时间：二分钟　口味：酸

菠萝黄瓜沙拉

青瓜拌魔芋结

烹饪时间：5分钟　口味：辣

原料准备

魔芋结·········150克
黄瓜···········150克
朝天椒·········20克
蒜末···········适量
葱末···········少许

调料

盐·············2克
白糖···········3克
生抽···········适量
陈醋···········适量
芝麻油·········适量
辣椒油·········5毫升

制作方法

1 将洗好的黄瓜切丝，将洗净的朝天椒切圈；取一个干净的碗，放入清水，倒入魔芋结，清洗片刻，捞出。

2 将魔芋结焯水后捞出；取一个干净的盘子，铺摆黄瓜，放上魔芋结。

3 取一个干净的小碗，倒入朝天椒圈、蒜末、葱末。

4 加生抽、白糖、盐、陈醋、芝麻油、辣椒油，制成调味汁，浇在黄瓜和魔芋结上即可。

拌·功·秘·诀

搅拌时加入适量陈醋，可以帮助消化，更有利于食物中营养的吸收。

扁豆西红柿沙拉

烹饪时间：1分钟　　口味：淡

原料准备

扁豆·············150克

西红柿·········70克

玉米粒·········50克

调料

盐·················少许

白醋·············5毫升

橄榄油·········9毫升

沙拉酱·········适量

白胡椒粉·······2克

制作方法

1 将扁豆洗净后切成块；西红柿洗净后切开，去蒂，再切成小块。

2 在锅中加入适量清水，用大火烧开，倒入扁豆，搅匀，煮至断生。

3 将扁豆捞出，放入凉水中过凉，捞出，沥干水分。

4 把玉米倒入开水中，煮至断生；捞出，放入凉开水中过凉，捞出，沥干水分。

5 将放凉后的食材装入碗中，倒入西红柿。

6 加入盐、白胡椒粉、橄榄油、白醋，搅匀调味。

7 将拌好的食材装入碗中，挤上沙拉酱即可。

拌·功·秘·诀

扁豆未煮熟透会有一定毒性，因此要煮至完全断生，以免影响身体健康。

苦瓜甜橙沙拉

烹饪时间：2分钟　　口味：苦

原料准备 🥜

苦瓜·············65克

橙子···········120克

猕猴桃肉······55克

圣女果·········45克

酸奶·············20克

调料 🥄

盐···············少许

蜂蜜···········12克

沙拉酱·········适量

制作方法 🍲

1 将苦瓜洗净后切开，去籽，再切成片；将圣女果洗净后对半切开。

2 将猕猴桃肉洗净后切片；将橙子洗净后对半切开，取一半切薄片，另一半去除果皮，切成小块。

3 在锅中加水烧开，倒入苦瓜片，拌匀，焯煮至断生，捞出材料，沥干水分，待用。

4 取一个干净的碗，倒入苦瓜片，放入橙子肉块。

5 倒入切好的圣女果、猕猴桃肉，加入少许盐、蜂蜜，搅拌至盐分完全溶化。

6 另取一个干净的盘子，放上橙子片，盛入拌好的食材。

7 淋上酸奶，挤上少许沙拉酱即可。

🥄 拌·功·秘·诀

焯煮苦瓜时，可以加入少许食用油，这样煮熟的苦瓜色泽会更加鲜艳。

鱼香苦瓜丝

烹饪时间：2分钟　　口味：鲜

原料准备

苦瓜…………180克
青椒…………30克
姜末…………少许
蒜末…………少许
葱花…………少许

调料

白糖…………3克
盐……………2克
鸡粉…………2克
食粉…………少许
生抽…………5毫升
陈醋…………6毫升
辣椒油………7毫升
芝麻油………6毫升

制作方法

1. 将洗净的苦瓜对半切开，去瓤，再切成粗丝；将洗好的青椒切开，去籽，再切段，改切成丝。

2. 在锅中加水烧开，放入青椒，搅匀，捞出沥干；在沸水锅中加入少许食粉，倒入苦瓜，煮至断生，捞出，放入清水中，浸泡一会儿，滤出水分。

3. 取一个干净的大碗，倒入苦瓜、青椒、姜末、蒜末、葱花，加入白糖、盐、鸡粉、生抽、陈醋、辣椒油、芝麻油。

4. 将食材搅拌均匀，至完全入味，装入盘中即可。

拌·功·秘·诀

将苦瓜的白膜刮掉，能减轻苦味。

　拌：快手美味轻松享

拌·功·秘·诀

豆角要煮熟，否则易引起肠胃不适。

原料准备

豆角·········· 200克
蒜末············ 少许

调料

盐················· 2克
芝麻酱··········· 4克
鸡粉············· 2克
芝麻油········· 5毫升

制作方法

1 洗好的豆角切长段。

2 在锅中加入适量清水烧开，放入豆角，加入少许盐，煮至断生；捞出豆角，沥干水分，待用。

3 取一个干净的大碗，倒入豆角、蒜末，放入芝麻酱，加入盐、鸡粉、芝麻油。

4 搅拌匀，至食材入味，将拌好的食材盛入盘中即可。

烹饪时间：4分钟　口味：清淡

麻香豆角

拌·功·秘·诀

菠菜焯水的时间不宜过长，以免影响口感。

菠菜甜椒沙拉

烹饪时间：7分钟　口味：淡

原料准备

菠菜…………60克
洋葱…………40克
彩椒…………25克
西红柿………50克
玉米粒………50克

调料

橄榄油………10毫升
蜂蜜…………少许
盐……………少许

制作方法

1 将西红柿洗净后切成片；彩椒洗净后切开，去籽，切丁；处理好的洋葱切成小块；洗好的菠菜切成小段。

2 在锅中倒入适量清水，用大火烧开，倒入玉米、彩椒、菠菜，搅匀，煮至断生。

3 将焯水的食材捞出，放入凉水中过凉；捞出沥干，装入碗中，放入盐、蜂蜜、橄榄油。

4 快速搅拌均匀，使食材入味；在盘中点缀上西红柿，装入拌好的食材即可。

醋拌芹菜

烹饪时间：2分钟　口味：清淡

原料准备 🌾

芹菜梗········· 200克

彩椒············· 10克

芹菜叶··········· 25克

熟白芝麻······· 少许

调料 🥫

盐··················· 2克

白糖··············· 3克

陈醋··········· 15毫升

芝麻油······· 10毫升

制作方法 🍲

1 将彩椒洗净后去籽，切丝；洗好的芹菜梗切段，待用。

2 在锅中加水烧开，倒入芹菜梗，拌匀，略煮一会儿；放入彩椒，煮至食材断生。

3 捞出焯煮好的食材，沥干水分，放入碗中，再放入芹菜叶，搅拌匀。

4 碗中加入盐、白糖、陈醋、芝麻油，倒入炒熟的白芝麻，搅拌均匀至食材入味即可。

🥢 拌·功·秘·诀

食材焯水时间不宜过久，以免失去爽脆的口感。

胡萝卜芹菜沙拉

烹饪时间：1分钟　　口味：甜

原料准备 🥜

胡萝卜⋯⋯⋯⋯80克

西芹⋯⋯⋯⋯⋯70克

柠檬⋯⋯⋯⋯⋯20克

调料 🧈

白醋⋯⋯⋯⋯⋯5毫升

胡椒粉⋯⋯⋯⋯2克

蜂蜜⋯⋯⋯⋯⋯5克

橄榄油⋯⋯⋯10毫升

制作方法 🍚

1 将胡萝卜去皮后洗净切片，再切成丝；洗好的西芹切成段，再切成丝。

2 锅中加入适量的清水，大火烧开，倒入胡萝卜丝，焯煮片刻。

3 再倒入芹菜丝，搅匀，煮至断生。

4 将焯水的食材捞出，放入凉水中冷却后捞出，待用。

5 取一个干净的碗，将焯过水的食材装入碗中，挤上柠檬汁。

6 加入少许白醋、胡椒粉、蜂蜜、橄榄油，搅匀。

7 将拌好的食材装入盘中即可食用。

🥢 **拌·功·秘·诀**

食材切丝的时候最好切得粗细一致，这样更易入味，也不会出现未熟透的食材。

黑芝麻拌莴笋丝

烹饪时间：6分钟　　口味：酸

原料准备

莴笋............200克

胡萝卜...........80克

黑芝麻...........25克

调料

盐......................2克

鸡粉..................2克

白糖..................5克

醋.................10毫升

芝麻油..........少许

制作方法

1 将莴笋去皮后洗净切片，再切成丝；胡萝卜去皮后洗净切片，再切成丝。

2 在锅中加入适量清水烧开，放入切好的莴笋丝和胡萝卜丝。

3 焯煮一会儿至断生，捞出焯好的莴笋和胡萝卜，装碗待用。

4 碗中加入部分黑芝麻。

5 放入盐、鸡粉、糖、醋、芝麻油，拌匀。

6 将拌好的菜肴装在盘中。

7 撒上少许黑芝麻点缀即可。

拌·功·秘·诀

焯好的莴笋和胡萝卜可以过一下冷水，这样吃起来口感更爽脆。

茄子拌青椒

烹饪时间：15分钟　　口味：清淡

原料准备 🥕

青椒············150克

茄子············200克

蒜末············适量

姜末············适量

香菜末··········适量

葱花············少许

胡萝卜··········适量

调料 🥄

黄豆酱··········45克

盐··············适量

鸡粉············2克

蚝油············适量

料酒············5毫升

芝麻油··········2毫升

生抽············3毫升

食用油··········适量

制作方法 🍲

1 将茄子洗净后去皮，切条；将胡萝卜洗净后切条；将洗净的青椒切成条；将切好的食材全部装入蒸盘里。

2 将蒸盘放入蒸锅中，蒸熟，取出待用。

3 油爆姜末、蒜末、黄豆酱，淋入料酒炒香。

4 加盐、鸡粉、蚝油，炒匀；倒入清水煮沸，加入生抽，拌匀，调成味汁，盛出。

5 在碗中加入香菜末、葱花、芝麻油，拌匀。

6 取出蒸好的茄子、胡萝卜和青椒，倒入干净的大碗中，淋上调好的味汁，拌匀。

7 将拌好的菜肴盛出，装入盘中即可。

🥢 拌·功·秘·诀

若喜欢酸味的，可以在味汁中倒入适量陈醋；茄子要将皮去干净，这样容易入味。

玉米拌洋葱

烹饪时间：2分钟　　口味：清淡

原料准备

玉米粒..........75克

洋葱条..........90克

调料

盐..............2克

白糖............少许

生抽............4毫升

芝麻油..........适量

凉拌汁..........25毫升

制作方法

1 在锅中加入适量清水，用大火烧开，倒入洗净的玉米粒，略煮一会儿。

2 锅中放入洋葱条，搅匀。

3 再煮一小会儿，至食材断生后捞出，沥干水分，待用。

4 取一个干净的大碗，倒入焯过水的食材，放入凉拌汁。

5 加入生抽、盐、白糖，淋入适量芝麻油。

6 快速搅拌一会儿，至食材入味。

7 将拌好的菜肴盛入盘中，摆好盘即成。

拌·功·秘·诀

洋葱焯煮的时间不宜太长了，以免口感失去脆嫩，导致绵软就不好吃了。

橙汁冬瓜条

烹饪时间：125分钟　　口味：酸

原料准备

冬瓜…………270克

橙汁………450毫升

调料

白糖…………适量

制作方法

1 将冬瓜洗净后切段，再切成大小均匀的条，备用。

2 在锅中加入适量清水烧开，倒入冬瓜条，用小火煮2分钟；捞出冬瓜条，放凉待用。

3 取橙汁，加入少许白糖，拌匀，至白糖溶化；倒入冬瓜条，拌匀，浸泡2小时。

4 取一个干净的盘子，放入泡好的冬瓜条，浇上适量橙汁即可。

拌·功·秘·诀

拌好的橙汁冬瓜条可放进冰箱冰镇十五分钟后取出食用，这样口感、风味更佳。

芝麻双丝海带

烹饪时间：2分钟　口味：辣

原料准备

水发海带·······85克
青椒·········45克
红椒·········25克
姜丝·········少许
葱丝·········少许
熟白芝麻·······少许

调料

盐··········2克
鸡粉·········2克
生抽·········4毫升
陈醋·········7毫升
辣椒油········6毫升
芝麻油········5毫升

制作方法

1 将洗净的红椒、青椒去籽，切丝；将洗好的海带切长段。

2 在锅中加水烧开，倒入海带煮至断生；放入青椒、红椒丝，拌匀，略煮片刻；捞出，沥干水分。

3 取碗，倒入焯过水的食材，放入姜丝、葱丝，拌匀。

4 加入盐、鸡粉、生抽、陈醋、辣椒油、芝麻油，拌匀；撒上熟白芝麻，快速拌匀即可。

拌·功·秘·诀

海带尽量切细一些，这样烹煮时不仅容易断生，而且用调料拌制时更易入味。

海带拌彩椒

烹饪时间：3分钟　　口味：清淡

原料准备

海带·············150克
彩椒············· 100克
蒜末·············适量
葱花·············少许

调料

盐·················3克
鸡粉·············2克
生抽·············适量
陈醋·············适量
芝麻油·········适量
食用油·········适量

制作方法

1 将洗净的海带切方片，再切成丝；洗好的彩椒去籽，切成丝。

2 在锅中加水烧开，加少许盐、食用油，放入切好的彩椒，搅匀。

3 倒入海带，搅拌匀，煮约1分钟至熟；把焯煮好的食材捞出。

4 将彩椒和海带放入碗中，倒入蒜末、葱花。

5 加入适量生抽、盐、鸡粉、陈醋。

6 淋入少许芝麻油，拌匀调味。

7 将拌好的食材装入碗中即成。

拌·功·秘·诀

海带不易煮软，可先将海带放在蒸笼蒸半小时，再煮就会变得脆嫩软烂。

炝拌手撕蒜薹

烹饪时间：2分钟　　口味：辣

原料准备

蒜薹·········· 300克
蒜末············ 少许

调料

老干妈辣椒酱50克
陈醋·············5毫升
芝麻油········5毫升
生抽·············5毫升

制作方法

1 在锅中加入适量的清水，用大火烧开。

2 倒入蒜薹，焯煮至断生。

3 将锅中焯煮好的食材捞出，沥干水分，放凉
　待用。

4 用手将蒜薹撕成细丝，装入碗中。

5 碗中倒入老干妈辣椒酱，加蒜末，搅拌
　片刻。

6 淋入少许生抽、陈醋、芝麻油，用筷子搅
　拌片刻。

7 取一个干净的盘子，将拌好的蒜薹倒入盘
　中，即可食用。

拌·功·秘·诀

焯好的蒜薹可在凉水中泡片刻，这样口感会更好，吃起来更
有风味。

亚麻籽油拌秋葵

烹饪时间：2分钟　　口味：辣

原料准备

秋葵··········260克

红椒··········40克

蒜末·········· 少许

调料

亚麻籽油······ 适量

盐················3克

鸡粉··············2克

白糖··············2克

辣椒油·········· 适量

制作方法

1 将洗净的红椒切成圈；秋葵切成小块。

2 在锅中加入适量清水烧开，放少许盐，加适量亚麻籽油。

3 在锅中放入红椒圈，焯煮至转色，把红椒捞出，沥干水分。

4 将秋葵倒入沸水锅中，煮约1分钟至熟，把秋葵捞出，沥干水分。

5 将秋葵倒入碗中，加入红椒、蒜末。

6 放盐、鸡粉、白糖、辣椒油、亚麻籽油，拌匀。

7 将拌好的菜肴装入盘中即可。

拌·功·秘·诀

秋葵用于凉拌及热炒前，必须在沸水中烫一下以去涩味，这样食用时口感更佳。

东北大拌菜

烹饪时间：1分钟　　口味：鲜

原料准备

豆腐皮·········95克
白菜·········120克
黄豆芽·········70克
黄瓜·········90克
胡萝卜·········50克
蒜末·········少许

调料

生抽·········5毫升
盐·········2克
鸡粉·········2克
陈醋·········5毫升
芝麻油·········3毫升
白糖·········5克

制作方法

1 将豆腐皮修齐，切成丝；将洗好的白菜切成粗丝；将洗净的黄瓜切成丝。

2 将洗净去皮的胡萝卜切成丝。

3 在锅中加水烧开，倒入洗净的黄豆芽，放入豆皮丝，焯煮片刻。

4 将焯好的食材捞出，沥干水分，待用。

5 取一个干净的碗，倒入黄豆芽、豆皮丝，放入白菜丝、黄瓜丝。

6 再放入胡萝卜丝、蒜末，淋上生抽。

7 加入盐、鸡粉、陈醋、芝麻油、白糖，拌匀即可。

拌·功·秘·诀

蒜末也可先用热油煸炒香，口感会更佳，菜肴也会更加鲜香。

南昌凉拌藕

烹饪时间：2分钟　　口味：酸

原料准备

莲藕·············165克
香菜···············少许
蒜末···············少许

调料

盐·················2克
鸡粉···············2克
陈醋···········5毫升
生抽···········5毫升
白糖···············3克
辣椒油·········5毫升
芝麻油·········5毫升

制作方法

1 将莲藕去皮后洗净切片，放入凉水中，待用。
2 在锅中加水烧开，放入莲藕，焯煮片刻至断生。
3 将焯好的莲藕放入凉水中放凉。
4 将冷却的莲藕捞出，摆放在盘中，待用。
5 取一个干净的碗，倒入蒜末。
6 淋上生抽，撒上盐、鸡粉、白糖。
7 倒入陈醋、辣椒油、芝麻油，拌匀，制成调味汁，浇在莲藕上，撒上香菜即可。

拌·功·秘·诀

莲藕不宜焯煮时间太长，以免失去爽脆的口感；可淋上适量的老抽，能使菜肴成色更佳。

橙香蓝莓沙拉

烹饪时间：4分钟　　口味：甜

原料准备 🥜

橙子……………60克

蓝莓……………50克

葡萄……………50克

酸奶……………50克

橘子……………50克

制作方法 🍲

1 将橙子洗净后切片；将橘子洗净后对半切开。

2 将葡萄洗净后对半切开。

3 取一个干净的碗，放入橘子、葡萄、蓝莓，拌匀。

4 取一个干净的盘子，摆上切好的橙子片，倒入拌好的水果，浇上酸奶即可。

🍚 拌·功·秘·诀

可以根据自己的喜好，加入其他调味品，如白糖或蜂蜜。

圣女果酸奶沙拉

原料准备

圣女果………150克

橙子…………200克

雪梨…………180克

酸奶…………90克

葡萄干………60克

调料

山核桃油…10毫升

白糖…………2克

制作方法

1 将圣女果洗净后对半切开；雪梨去皮后洗净，去核，切成块；洗净的橙子切成片，待用。

2 取一个干净的碗，倒入酸奶，加入白糖，淋入山核桃油，拌匀，制成沙拉酱，待用。

3 备一个干净的盘子，四周摆上切好的橙子片，放入切好的圣女果。

4 摆上切好的雪梨，浇上沙拉酱，撒上葡萄干即可。

拌·功·秘·诀

白糖可依个人喜好适当增减用量；摆盘要层次分明，这样更加美观诱人。

橙盅酸奶水果沙拉

烹饪时间：1分钟　　口味：甜

原料准备

橙子..............1个
猕猴桃肉.......35克
圣女果..........50克
酸奶..............30克

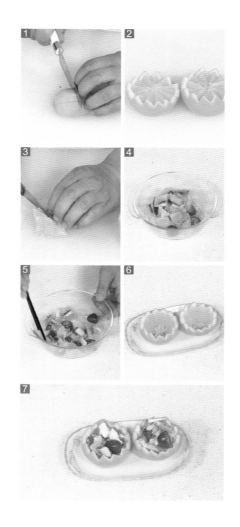

制作方法

1 将备好的猕猴桃肉切开，再切成小块；洗好的圣女果对半切开。

2 洗净的橙子切去头尾，用雕刻刀从中间分成两半。

3 取出果肉，制成橙盅，再把果肉切成小块。

4 取一个干净的大碗，倒入切好的圣女果，放入橙子肉块，撒上切好的猕猴桃肉。

5 快速搅拌一会儿，至食材混合均匀。

6 另取一个干净的盘子，放上做好的橙盅，摆整齐。

7 再盛入拌好的材料，浇上酸奶即可。

拌·功·秘·诀

制作橙盅时，注意将边缘修剪整齐，这样沙拉成品会更美观，更加诱人。

橘子香蕉水果沙拉

烹饪时间：4分钟　　口味：甜

原料准备

香蕉……………200克	苹果……………80克
火龙果…………200克	沙拉酱…………10克
橘子瓣…………80克	
石榴籽…………40克	
柠檬……………15克	
梨子……………100克	

制作方法

1 将香蕉去皮后洗净，对半切开，再切成条状，然后切成丁。

2 火龙果去皮后洗净，切块；苹果去皮后洗净，切块。

3 梨子去皮后洗净，去内核，切块。

4 取一个干净的碗，放入梨子、苹果、香蕉、火龙果、石榴籽。

5 挤入柠檬汁，用筷子搅拌均匀。

6 取一个干净的盘子，摆放上橘子瓣。

7 倒入拌好的水果，挤上沙拉酱即可。

🥄 拌·功·秘·诀

由于是直接食用，食材要清洗干净，最好清洗后在淡盐水中浸泡片刻。

五彩鲜果沙拉

烹饪时间：2分钟　　口味：酸

原料准备

芒果…………40克

奇异果………50克

香蕉…………40克

酸奶…………50克

圣女果………30克

火龙果………50克

调料

沙拉酱………少许

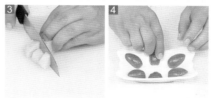

制作方法

1 将洗净的圣女果对半切开；将洗净去皮的奇异果切成厚片，再切成丁。

2 将处理好的火龙果去皮切片，再切成丁；将去皮的香蕉切成丁。

3 将洗净去皮的芒果切成丁。

4 取一个干净的盘子，将圣女果摆放好，待用。

5 取一个干净的碗，放入香蕉、芒果、火龙果，再放入奇异果，搅拌均匀。

6 将拌好的水果倒入碟子中，倒入少许酸奶。

7 挤上少许沙拉酱调味即可。

拌·功·秘·诀

水果要买应季、新鲜的，这样口感更好；另外，可以将水果切得小一点儿，以方便食用。

满园春色沙拉

烹饪时间：1分钟　　口味：清淡

原料准备 🥜
生菜…………50克
彩椒…………80克
圣女果………50克
洋葱…………40克

调料 🥄
沙拉酱………适量

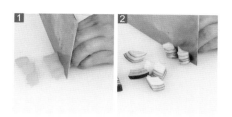

制作方法 🍲

1 将彩椒洗净后切开去籽，切成块；洗好的生菜切成小段。

2 处理好的洋葱切成条，再切成小块；洗净的圣女果对半切开，备用。

3 在锅中加入适量清水烧开，倒入甜椒、洋葱，氽煮片刻。

4 将焯水的食材捞出，放入凉水中放凉，捞出沥干。

5 取一个干净盘子，摆上备好的圣女果。

6 将放凉的食材装入碗中，放入生菜拌匀。

7 将拌好的食材倒入盘中，挤上少许沙拉酱即可食用。

🥄 **拌·功·秘·诀**

食材焯水时可以适量加入白醋，这样能防止食材变色，靓丽的食材才能诱惑大家的食欲。

拌·功·秘·诀

本菜品中的酸奶可以用沙拉酱来代替，吃起来也别有一番风味。

原料准备

葡萄⋯⋯⋯⋯80克

苹果⋯⋯⋯⋯150克

圣女果⋯⋯⋯40克

酸奶⋯⋯⋯⋯50克

烹饪时间：3分钟　口味：甜

葡萄苹果沙拉

制作方法

1 将圣女果洗净后对半切开。

2 将备好的葡萄用淡盐水浸泡一会儿，清洗干净，摘取下来，备用。

3 将苹果去皮后洗净，切开，去籽，再把果肉切成丁，备用。

4 取一个干净的盘子，摆上圣女果、葡萄、苹果，浇上酸奶即可。

红酒雪梨

烹饪时间：10小时　口味：酸

原料准备

雪梨…………170克

柠檬片………20克

葡萄酒…600毫升

调料

白糖……………8克

制作方法

1　将雪梨洗净后切小瓣，去核，去皮，把果肉切成薄片。

2　取一个干净的大碗，倒入葡萄酒，加入柠檬片，撒上适量白糖，倒入雪梨片，搅拌至白糖溶化。

3　将雪梨置于阴凉干燥处，腌渍约10小时，至酒味浸入雪梨片中。

4　另取一个干净的盘子，盛入泡好的雪梨片，摆盘即可。

拌·功·秘·诀

可依个人喜好，加点辣椒油拌匀，酸辣口感更开胃；雪梨的腌渍时间要足够，这样会更入味。

拌尽各种肉肉，
尝遍麻辣鲜香

猪肉、牛肉、羊肉、鸡肉等肉类食物营养丰富，各具特色，是大家日常饮食中的主要营养来源。接下来的一章将向大家介绍如何利用这些肉类食物，拌出各种色香味俱全的肉肉。

凉拌手撕鸡

烹饪时间：3分钟　　口味：鲜

原料准备 🥢

熟鸡胸肉……160克

红椒…………20克

青椒…………20克

葱花………… 少许

姜末………… 少许

调料 🥄

盐………………2克

鸡粉…………… 2克

生抽…………4毫升

芝麻油………5毫升

制作方法 🍲

1 将洗好的红椒切开，去籽，再切成细丝。

2 将洗净的青椒切开，去籽，再切成细丝。

3 把熟鸡胸肉撕成细丝，待用。

4 取一个干净的碗，倒入鸡肉丝、青椒、红椒、葱花、姜末。

5 加入盐、鸡粉、生抽、芝麻油。

6 搅拌匀，至食材入味。

7 将拌好的食材装入盘中即成。

🥢 **拌·功·秘·诀**

鸡肉要尽量撕得均匀些，这样成品会更美观，加调料拌制也会更易入味。

木瓜鸡肉沙拉

烹饪时间：3分钟　口味：淡

原料准备

熟鸡胸肉……155克

木瓜丁………130克

核桃仁………80克

调料

盐……………1克

黑胡椒粉……2克

橄榄油………5毫升

沙拉酱………适量

制作方法

1 将备好的鸡胸肉切成丁；将核桃仁压碎，剁烂，待用。

2 将木瓜丁装入碗中，放入鸡肉丁，加入核桃碎，拌至均匀。

3 放入适量盐、黑胡椒粉、橄榄油，拌匀至入味。

4 将拌好的菜肴装入盘中，再挤入沙拉酱，即可食用。

拌·功·秘·诀

剁核桃的时候不用剁得太碎，以免降低成品的口感。沙拉酱不宜放得太多。

麻酱鸡丝海蜇

烹饪时间：2分钟　口味：清淡

原料准备

熟海蜇	160克
熟鸡肉	75克
黄瓜	55克
大葱	35克

调料

芝麻酱	12克
盐	2克
鸡粉	2克
白糖	2克
生抽	5毫升
陈醋	10毫升
辣椒油	适量
芝麻油	适量

制作方法

1 将洗净的大葱切开，再切成粗丝；洗好的黄瓜切片，再切成条形；把熟鸡肉切片，再切成条形。

2 取一个干净小碗，加入芝麻酱、盐、生抽、鸡粉、白糖。

3 淋入辣椒油、芝麻油、陈醋，拌匀，制成味汁，待用。

4 取一个干净的盘子，放入大葱、黄瓜，摆好；撒上鸡肉丝，倒入熟海蜇，浇上味汁即成。

拌·功·秘·诀

海蜇味道较咸，因此加入的盐不宜太多，否则太咸就影响味道了。

海蜇黄瓜拌鸡丝

烹饪时间：3分钟　　口味：鲜

原料准备

黄瓜…………180克

海蜇丝………220克

熟鸡肉………110克

蒜末…………少许

香菜…………少许

调料

葡萄籽油……5毫升

盐……………1克

鸡粉…………1克

白糖…………1克

陈醋…………5毫升

生抽…………5毫升

制作方法

1 将洗净的黄瓜切片，再切成丝，摆盘整齐；熟鸡肉撕成丝。

2 将洗净的海蜇丝倒入热水锅中，焯煮一会儿，去除杂质。

3 待熟后捞出焯好的海蜇，沥干，装盘。

4 取一个干净的碗，倒入焯好的海蜇，放入鸡肉丝，倒入蒜末。

5 加入盐、鸡粉、白糖、陈醋、葡萄籽油，将食材充分拌匀。

6 往黄瓜丝上淋入生抽。

7 将拌好的鸡丝海蜇倒在黄瓜丝上，放上香菜点缀即可。

拌·功·秘·诀

可依据个人的口味，加入适量辣椒油一起拌匀食用；黄瓜丝也可以焯水后再摆盘。

鸡丝茄子土豆泥

烹饪时间：28分钟　　口味：清淡

原料准备 🥔

土豆·············200克
茄子·············80克
鸡胸肉·········150克
香菜·············35克
蒜末·············少许
葱花·············少许

调料 🥄

盐·················2克
生抽·············4毫升
芝麻油·········适量

制作方法 🍲

1 将去皮洗净的土豆切开，再切成片。

2 蒸锅上火烧开，放入土豆片和备好的茄子、鸡胸肉。

3 用大火蒸约25分钟，至食材熟透，取出蒸好的材料，放凉待用。

4 取出放凉后的土豆片，压成泥状；把放凉的茄子和鸡胸肉撕成条，装入大碗中。

5 碗中撒上香菜，加盐、生抽、芝麻油。

6 撒上备好的蒜末、葱花，搅拌匀。

7 取一个干净的盘子，放入土豆泥，再放上拌好的食材，摆好盘即可。

🥄 拌·功·秘·诀

鸡胸肉切小块一些，土豆切成薄片再放入蒸锅，这样食材更容易蒸熟透。

拌·功·秘·诀

鸡肉可以撕得稍微碎一点，这样会更方便食用。鸡肉最好选择鸡胸肉。

鸡肉拌黄瓜

烹饪时间：2分钟　口味：淡

原料准备

黄瓜	80克
熟鸡肉	70克
香菜	10克
红椒	30克
蒜末	20克

调料

白糖	2克
芝麻油	适量
盐	适量
鸡粉	适量

制作方法

1 将洗净的黄瓜斜刀切片，再切成粗丝；将洗净的红椒去籽，切成丝；将熟鸡肉用手撕成小块。

2 取一个干净的碗，倒入黄瓜丝、鸡肉块。

3 加入红椒丝、蒜末，放入盐、鸡粉、白糖，淋上少许芝麻油，搅拌匀。

4 取一个干净的盘子，将拌好的食材倒入，再放上备好的香菜即可。

鸡肉拌南瓜

烹饪时间：18分钟　口味：鲜

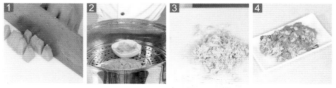

原料准备

鸡胸肉········100克

南瓜··········200克

牛奶·········80毫升

调料

盐················少许

制作方法

1 将洗净的南瓜切厚片，再切成丁；将鸡肉装入碗中，放少许盐，加少许清水，待用。

2 烧开蒸锅，分别放入装好盘的南瓜、鸡肉，用中火蒸15分钟至熟，取出蒸熟的鸡肉、南瓜。

3 用刀把鸡肉拍散，撕成丝，倒入碗中，再放入南瓜。

4 加入牛奶拌匀，盛出装盘，再淋上少许牛奶即可。

拌·功·秘·诀

南瓜本身有甜味，牛奶不宜加太多，以免掩盖南瓜本身的味道。

苦瓜拌鸡片

烹饪时间：3分钟　　口味：鲜

原料准备

苦瓜…………120克
鸡胸肉………100克
彩椒…………25克
蒜末…………少许

调料

盐………………3克
鸡粉……………2克
生抽…………3毫升
食粉……………适量
芝麻油…………适量
水淀粉…………适量
食用油…………适量

制作方法

1　将洗净的苦瓜切片；将洗好的彩椒切片。

2　将洗净的鸡胸肉切片，装入碗中，放入少许盐、鸡粉，再加入水淀粉、食用油，腌渍入味。

3　在锅中加水烧开，加入食用油、彩椒，煮片刻捞出；再加入食粉、苦瓜，煮断生后捞出。

4　在锅中加些油烧热，倒入鸡肉片，炸至转色，捞出鸡肉片，沥干油。

5　取一个干净的大碗，倒入苦瓜，加入彩椒、鸡肉片，放入蒜末。

6　加盐、鸡粉、生抽、芝麻油，拌至入味。

7　将拌好的食材装入盘中即成。

拌·功·秘·诀

苦瓜焯水时，加入适量食用油，可使苦瓜的颜色更加鲜翠，成品菜更诱人。

秋葵鸡肉沙拉

烹饪时间：4分钟　　口味：辣

原料准备

秋葵·············90克

鸡胸肉块····100克

西红柿········110克

柠檬·············35克

调料

盐·················2克

黑胡椒粉·······少许

芥末酱··········10克

橄榄油··········适量

食用油··········适量

制作方法

1 将洗净的秋葵切去头尾，再用斜刀切成段。

2 将洗好的西红柿切开，再切小块。

3 在锅中将油烧热，放入洗净的鸡胸肉块，
　煎至两面断生，盛出，放凉后切成小块。

4 在锅中加水烧开，放入秋葵，焯煮一会
　儿，至其断生后捞出，沥干水分，待用。

5 取一个干净的大碗，倒入秋葵、鸡肉块、西红
　柿块，拌匀；挤入柠檬汁，加入盐、芥末酱。

6 撒上黑胡椒粉，淋入橄榄油，搅拌至食材
　入味。

7 将拌好的沙拉盛入盘中，摆好盘即可。

拌·功·秘·诀

鸡肉块可先腌渍一会儿再烹制，味道会更鲜美；秋葵焯水可
去除其涩味，这样口感会更好。

香辣鸡丝豆腐

烹饪时间：1分钟　　口味：鲜

原料准备

熟鸡肉·········80克

豆腐··········200克

油炸花生米···60克

朝天椒圈······15克

葱花··········少许

调料

盐···············少许

生抽···········5毫升

白糖············3克

陈醋···········5毫升

芝麻油·········5毫升

辣椒油········5毫升

制作方法

1 将熟鸡肉撕成丝；将备好的熟花生米拍碎；将洗净的豆腐对切开，再切成方块。

2 在锅中加水烧开，加入盐，搅匀，倒入豆腐块，焯煮片刻去除豆腥味。

3 将豆腐块捞出，沥干，摆在盘底成花瓣状，将鸡丝堆放在豆腐上。

4 取一个干净的碗，倒入花生碎、朝天椒圈。

5 加入少许生抽、白糖、陈醋、芝麻油、辣椒油，拌匀。

6 倒入备好的葱花，搅拌均匀制成酱汁。

7 将调好的酱汁浇在鸡丝豆腐上即可。

拌·功·秘·诀

如果怕味道过辣，也可以将朝天椒换成青椒；豆腐捞出时要小心，以免弄烂，影响菜肴美观。

魔芋鸡丝荷兰豆

烹饪时间：1分钟　　口味：鲜

原料准备

魔芋手卷···· 100克
荷兰豆········ 120克
熟鸡脯肉······ 80克
红椒············ 20克
蒜末············ 少许
葱花············ 少许

调料

盐·············· 少许
白糖············ 2克
生抽············ 5毫升
陈醋············ 4毫升
芝麻油········ 5毫升

制作方法

1 将魔芋手卷的绳子解开，将熟鸡脯肉切成丝，再撕成细丝。

2 将洗净的红椒切成圈，将处理好的荷兰豆切丝。

3 在锅中加水烧开，倒入魔芋手卷，搅拌片刻，捞出，沥干水分。

4 再将荷兰豆倒入，焯煮至断生，捞出。

5 取一个干净的碗，放入魔芋手卷、荷兰豆、鸡脯肉，加盐、白糖、生抽、陈醋、芝麻油，拌匀。

6 将红椒圈摆在盘边一圈做装饰，盘中倒入拌好的魔芋手卷，撒上蒜末。

7 最后撒上葱花，即可食用。

拌·功·秘·诀

鸡脯肉要撕得均匀一些；荷兰豆焯水时间不宜过长，以免焯得过老。

开心果鸡肉沙拉

烹饪时间：3分钟　口味：鲜

原料准备

鸡肉..........300克
开心果仁......25克
苦菊..........300克
圣女果........20克
柠檬..........50克
酸奶..........20毫升

调料

胡椒粉..........1克
料酒..........5毫升
芥末..........少许
橄榄油..........5毫升

制作方法

1. 将洗好的圣女果去蒂，对半切开；将洗净的苦菊切段；将洗好的鸡肉切粗条，再切成大块。
2. 在锅中加水烧开，倒入鸡肉、料酒，煮约4分钟，捞出。
3. 在酸奶中加柠檬汁、胡椒粉、芥末、橄榄油，制成沙拉酱。
4. 取一个干净的碗，放入苦菊、开心果仁、鸡肉、圣女果，放入适量沙拉酱即可。

拌·功·秘·诀

焯煮好的鸡肉可以在凉开水里泡一会儿，这样成品菜看口感会更好。

拌·功·秘·诀

将余煮好的鸡肉冷藏一会儿，口味会更佳。

原料准备

鸡胸肉········300克

蒜末、葱花··各少许

调料

盐、鸡粉·····各2克

水淀粉·······12毫升

生抽·········4毫升

芝麻油·······10毫升

陈醋·········12毫升

食用油·········少许

制作方法

1 将洗净的鸡胸肉切成薄片，装入碗中，加入盐、鸡粉、水淀粉、食用油，腌渍至入味。

2 在砂锅中加水烧开，倒入腌好的鸡肉片，拌匀，煮约1分钟，至其熟软后捞出。

3 将葱花、蒜末放入碗中，加盐、鸡粉。

4 加入少许生抽、芝麻油、陈醋，拌匀，调成味汁，在摆盘的鸡胸肉上浇上味汁即可。

烹饪时间：3分钟　口味：鲜

蒜汁鸡肉片

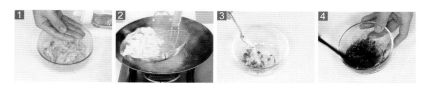

米椒拌牛肚

烹饪时间：2分钟　　口味：辣

原料准备

牛肚条⋯⋯⋯200克

泡小米椒⋯⋯⋯45克

蒜末⋯⋯⋯⋯⋯少许

葱花⋯⋯⋯⋯⋯少许

调料

盐⋯⋯⋯⋯⋯⋯⋯4克

鸡粉⋯⋯⋯⋯⋯⋯4克

辣椒油⋯⋯⋯⋯⋯4毫升

料酒⋯⋯⋯⋯⋯10毫升

生抽⋯⋯⋯⋯⋯⋯8毫升

芝麻油⋯⋯⋯⋯⋯2毫升

花椒油⋯⋯⋯⋯⋯2毫升

制作方法

1 在锅中加水烧开，倒入切好的牛肚条。

2 淋入适量料酒、生抽，放入少许盐、鸡粉，搅拌均匀。

3 用小火煮1小时，至牛肚条熟透。

4 捞出煮好的牛肚条，沥干水分，备用。

5 将焯煮好的牛肚条装入碗中，加入泡小米椒、蒜末、葱花。

6 放入少许盐、鸡粉，淋入辣椒油、芝麻油、花椒油。

7 搅拌片刻，至食材入味，将拌好的牛肚条装入盘中即可。

拌·功·秘·诀

牛肚可以切得细一点，这样易熟；泡小米椒可以切一下，味道会更浓郁。

凉拌牛肉紫苏叶

烹饪时间：2分钟　　口味：鲜

原料准备

牛肉条········100克
紫苏叶··········5克
蒜瓣············10克
大葱············20克
胡萝卜········250克
姜片············适量

调料

盐················4克
白酒··········10毫升
生抽············8毫升
香醋············8毫升
鸡粉··············2克
芝麻酱··········4克
芝麻油··········少许

制作方法

1 在砂锅中加水烧热，倒入蒜瓣、姜片、牛
   肉，加入少许白酒。

2 加入盐、生抽调味，将牛肉煮熟软后捞出。

3 将洗净去皮的胡萝卜切成片，再切成细
   丝；将放凉的牛肉切片，再切成丝。

4 将洗好的大葱切成丝，放入凉水中；将洗
   好的紫苏叶切去梗，再切丝，待用。

5 取一个干净的碗，放入牛肉丝、胡萝卜丝、
   大葱丝、紫苏叶，加盐、香醋、鸡粉、芝麻
   油，拌匀。

6 放入少许芝麻酱，搅拌匀。

7 将拌好的食材装入盘中即可。

拌·功·秘·诀

牛肉可以切小块一些再煮熟，这样拌制出来的成品会更加容
易入味。

豆腐皮拌牛腱

烹饪时间：2分钟　　口味：鲜

原料准备

卤牛腱········150克

豆腐皮········80克

彩椒··········30克

蒜末··········少许

香菜··········少许

调料

生抽··········4毫升

盐············2克

鸡粉··········2克

白糖··········3克

芝麻油········3毫升

红油··········3毫升

花椒油········4毫升

制作方法

1 将洗净的豆腐皮切成细丝；将洗净的彩椒切开，去籽，再切成丝。

2 将洗好的香菜切碎；将备好的卤牛腱切成片，再切成丝。

3 在锅中加水烧开，倒入豆腐丝，焯煮片刻，去除豆腥味；将豆腐皮细丝捞出，沥干水分。

4 取一个干净的碗，倒入牛腱丝、豆腐皮细丝，放入彩椒丝、蒜末，加入生抽、盐、鸡粉。

5 放入白糖、芝麻油、红油、花椒油拌匀。

6 放入香菜碎，搅拌片刻，使其充分入味。

7 将拌好的菜肴摆入盘中即可。

拌·功·秘·诀

豆腐丝可以切短一点，这样更方便食用；香菜要切得碎一点，这样拌制会更容易入味。

凉拌牛百叶

烹饪时间：3分钟　　口味：清淡

原料准备

牛百叶·········350克
胡萝卜·········75克
花生碎·········55克
荷兰豆·········50克
蒜末···········20克

调料

盐·············2克
鸡粉···········2克
白糖···········4克
生抽···········4克
芝麻油········少许
食用油········少许

制作方法

1 将洗净去皮的胡萝卜切细丝；将洗好的牛百叶切片；将洗净的荷兰豆切成细丝。

2 在锅中加水烧开，倒入牛百叶，拌匀，煮约1分钟；捞出，沥干水分，待用。

3 在沸水锅中加入食用油拌匀，倒入胡萝卜、荷兰豆，焯至断生后捞出。

4 取一个干净的盘子，盛入部分胡萝卜、荷兰豆垫底。

5 取一个干净的碗，倒入牛百叶，放入余下的胡萝卜、荷兰豆，加盐、白糖、鸡粉、蒜末。

6 淋入生抽、芝麻油，拌匀；加入花生碎，拌匀至其入味。

7 将拌好的材料盛入盘中，摆好即可。

拌·功·秘·诀

牛百叶异味较重，应反复揉搓、清洗干净，洗的时候用盐和醋一起搓洗，重复三遍。

拌·功·秘·诀

汆煮好的牛百叶过一遍凉开水，口感会更爽脆。

芥末牛百叶

烹饪时间：二分钟 口味：辣

原料准备

牛百叶┄┄┄300克

芥末糊┄┄┄30克

红椒┄┄┄┄┄10克

香菜┄┄┄┄┄少许

调料

盐┄┄┄┄┄┄1克

鸡粉┄┄┄┄┄1克

食用油┄┄┄10毫升

制作方法

1 将洗净的红椒切成细丝；将洗好的牛百叶切开，再切成粗条。

2 在锅中加入适量清水烧开，倒入牛百叶、红椒，拌匀，煮熟，捞出，沥干水分，待用。

3 取一个干净的大碗，倒入牛百叶、红椒，撒上香菜。

4 加入盐、鸡粉、食用油，倒入芥末糊，拌匀，至食材入味，将拌好的食材盛入盘中即可。

葱油拌羊肚

烹饪时间：5分钟　　口味：辣

原料准备

熟羊肚········ 400克
大葱············50克
蒜末············少许

调料

盐···················2克
生抽············4毫升
陈醋············4毫升
葱油············适量
辣椒油··········适量

制作方法

1 将洗净的大葱切开，切成丝；羊肚切块，切细条。
2 在锅中加入适量清水烧开，放入羊肚条，煮沸；把羊肚条捞出，沥干水分。
3 将羊肚条倒入碗中，加入大葱丝、蒜末。
4 放盐、生抽、陈醋、葱油、辣椒油，拌匀，将拌好的羊肚条装盘即可。

拌·功·秘·诀

将香菜切段，花生米压碎，放入羊肚丝，加入调料拌匀，这样口感、风味更加独特。

拌·功·秘·诀

煮兔肉的时候加入少许姜片，能有效去除其腥味，使成品的味道更好。

葱香拌兔丝

烹饪时间：三分钟　口味：淡

原料准备

兔肉·············· 300克
彩椒·············· 50克
葱条·············· 20克
蒜末·············· 少许

调料

盐·················· 3克
鸡粉·············· 3克
生抽·············· 4毫升
陈醋·············· 8毫升
芝麻油·········· 少许

制作方法

1 将洗净的彩椒切成丝；将洗好的葱条切小段。

2 在锅中加水烧开，倒入洗净的兔肉，用中火煮约5分钟，至食材熟透；捞出，放凉后切成肉丝，待用。

3 把肉丝装入碗中，倒入彩椒丝，撒上蒜末，加入少许盐、鸡粉，淋入适量生抽、陈醋。

4 倒入少许芝麻油，搅拌匀；撒上葱段，搅拌至食材入味；取一个干净的盘子，盛入拌好的菜肴，摆好盘即成。

香辣肉丝白菜

烹饪时间：4分钟　　口味：辣

原料准备

猪瘦肉…………60克
白菜……………85克
香菜……………20克
姜丝……………适量
葱丝……………少许

调料

盐………………2克
生抽……………3毫升
鸡粉……………2克
白醋……………6毫升
芝麻油…………7毫升
料酒……………4毫升
食用油…………适量

制作方法

1 将洗净的白菜切粗丝；将洗好的香菜切段；将洗净的猪瘦肉切片，再切成细丝。

2 取一个干净的大碗，放入白菜；用油起锅，倒入肉丝，炒至变色；倒入姜丝、葱丝，爆香；加入料酒、盐、生抽，炒匀炒香。

3 盛出炒好的材料，装入碗中。

4 将碗中的材料拌匀，再倒入香菜，加盐、鸡粉、白醋、芝麻油，拌入味即可。

> **拌·功·秘·诀**
>
> 将瘦肉放入冰箱里冰冻一会儿再切成细丝，会更容易操作。

凉拌猪肚丝

烹饪时间：2分钟　　口味：鲜

原料准备

洋葱…………150克
黄瓜…………70克
猪肚…………300克
沙姜、草果各少许
八角、桂皮各少许
姜片、蒜末各少许
葱花…………少许

调料

盐、白糖……各3克
鸡粉…………2克
胡椒粉…………2克
生抽…………4毫升
芝麻油………5毫升
辣椒油………4毫升
陈醋…………3毫升

制作方法

1 将洗好的洋葱切成丝；将洗净的黄瓜切成细丝。

2 在锅中加水烧开，倒入洋葱，煮至断生，捞出。

3 砂锅中加水烧热，放入沙姜、草果、八角、桂皮、姜片、猪肚、盐、生抽，烧开后用小火卤约2小时。

4 捞出猪肚，放凉，切成细丝；取一个干净的大碗，倒入猪肚丝，放入部分黄瓜丝，加盐、白糖、鸡粉、生抽、芝麻油。

5 倒入辣椒油、胡椒粉、陈醋、蒜末，拌入味；取一个干净的盘子，铺上黄瓜丝、洋葱丝，盛入拌好的食材，撒上葱花即可。

拌·功·秘·诀

猪肚一定要将内部的油脂跟筋膜去除，不然会影响成品的味道。

绿豆芽拌猪肝

烹饪时间：2分钟　口味：淡

原料准备

卤猪肝………220克

绿豆芽……… 200克

蒜末…………少许

葱段…………少许

调料

盐………………2克

鸡粉……………2克

生抽………5毫升

陈醋………7毫升

花椒油………适量

食用油………适量

制作方法

1 将卤猪肝切片；然后在锅中加水烧开，倒入洗净的绿豆芽，焯至断生后捞出。

2 油爆蒜末，倒入葱段，炒匀；放入部分猪肝片，炒匀；倒入焯熟的绿豆芽，拌匀。

3 加盐、鸡粉、生抽、陈醋、花椒油，拌至食材入味。

4 取盘子，放入余下的猪肝片，盛入食材摆好盘即可。

拌·功·秘·诀

绿豆芽的焯水时间不宜太长，以免降低了营养价值，失去原有的脆嫩口感。

蒜泥三丝

烹饪时间：6分钟　　口味：鲜

原料准备 🥜

火腿	120克
水发腐竹	80克
红椒	20克
香菜	15克
蒜末	少许

调料 🥄

盐	2克
鸡粉	2克
生抽	4毫升
芝麻油	8毫升
食用油	适量

制作方法 🍲

1 将洗好的红椒切成细丝；洗净的腐竹切成粗丝。

2 将火腿切片，再切成粗条。

3 在锅中加入适量清水烧开，再加入少许食用油，倒入腐竹、红椒，拌匀，煮至断生。

4 捞出材料，沥干水分，放在盘子里待用。

5 取一个干净的大碗，倒入腐竹丝、红椒丝，加入少许盐，拌匀，腌渍约5分钟。

6 放入香菜、火腿，撒上蒜末。

7 加入鸡粉、生抽、芝麻油拌匀，至食材入味，盛入盘中即成。

🥄 拌·功·秘·诀

腐竹宜用温水泡发，能节省泡发的时间。

馋嘴豆制品，
"拌"出真功夫

一般来说，豆制品主要分为两大类，即以大豆为原料的大豆食品和以其他杂豆为原料的其他豆制品。而各种豆制品营养美味，有促进食欲的作用。本章就向大家介绍如何利用各种豆制品来拌出一道道美味佳肴。

拌·功·秘·诀

拌的时候可以依据口味加入少许黑胡椒，这样吃起来更有风味。

鸡蓉拌豆腐

烹饪时间：二分钟　口味：鲜

原料准备

豆腐……………… 200克
熟鸡胸肉……… 25克
香葱……………… 少许

调料

白糖……………… 2克
芝麻油………… 5毫升

制作方法

1 将洗净的香葱切成小段；将洗好的豆腐切成小丁；将熟鸡胸肉切片，再切条，改切成碎末，备用。

2 在沸水锅中倒入切好的豆腐丁，略煮一会儿，去除豆腥味。

3 捞出焯煮好的豆腐，沥干水，装盘备用。

4 取一个干净的碗，倒入豆腐、鸡蓉、葱花，加入白糖、芝麻油，搅拌匀即可。

玉米拌豆腐

烹饪时间：31分钟　口味：清淡

原料准备

玉米粒·········150克

豆腐···········200克

调料

白糖·············3克

制作方法

1 将洗净的豆腐，切厚片，再切粗条，改切成丁。

2 在蒸锅中加水烧开，放入装有玉米粒和豆腐丁的盘子。

3 加盖，用大火蒸30分钟至熟透；揭盖，关火后取出蒸好的食材。

4 取一个干净的盘子，放入蒸熟的玉米粒、豆腐，趁热撒上白糖，拌匀，即可食用。

拌·功·秘·诀

豆腐块切小一点，更易蒸熟；拌好菜肴后可撒入葱花点缀，以美观菜品。

香葱皮蛋拌豆腐

烹饪时间：3分钟　　口味：鲜

原料准备 🥜

皮蛋·············2个

豆腐··········200克

香菜···········少许

蒜末···········少许

葱花···········少许

调料 🧂

盐··············2克

鸡粉············2克

芝麻油········3毫升

生抽··········5毫升

辣椒油········5毫升

陈醋··········8毫升

制作方法 🍲

1　将洗好的豆腐切片，再切成小块；将洗净的香菜切成末。

2　将洗好的皮蛋去壳，再切成小块，备用。

3　在锅中加入适量清水烧开，倒入切好的豆腐，煮约1分钟。

4　把煮好的豆腐块捞出。

5　取一个干净的玻璃碗，放入陈醋、辣椒油、蒜末、葱花、香菜，拌匀；然后加入盐、鸡粉、生抽、芝麻油，拌匀。

6　倒入皮蛋、豆腐，拌匀。

7　盛出拌好的食材，装入盘中，撒上葱花即可食用。

> 🥢 **拌·功·秘·诀**
>
> 可根据个人口味，适当增减调料的用量；切豆腐、皮蛋要小心谨慎，不要切碎切烂，影响外观。

芝麻魔芋拌豆腐

烹饪时间：2分钟　　口味：鲜

原料准备

老豆腐········100克
魔芋·········150克
小白菜········70克
水发木耳······80克
胡萝卜········90克
白芝麻········10克
蒜末·········少许
葱花·········少许

调料

胡椒粉·········2克
盐···········2克
鸡粉··········2克
白糖··········3克
生抽·········4毫升
陈醋·········2毫升
芝麻油········3毫升

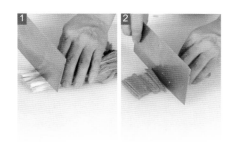

制作方法

1 将择洗好的小白菜切成段；将魔芋切成条。

2 将洗净去皮的胡萝卜切条；将豆腐压成泥状。

3 在锅中加水烧开，加入食用油，倒入洗净的木耳、胡萝卜，搅匀，煮沸。

4 再加入小白菜段、魔芋条，略煮片刻，盛出。

5 把豆腐泥倒入碗中，倒入焯煮过的食材，淋入陈醋、芝麻油。

6 加入胡椒粉、盐、鸡粉、白糖、生抽、蒜末、葱花，拌匀；装入盘中，撒上白芝麻即可。

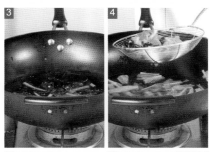

拌·功·秘·诀

豆腐也可以先焯水去除豆腥味，口感更香；调料可根据个人口味，酌情增减用量。

彩椒拌腐竹

烹饪时间：3分钟　　　口味：清淡

原料准备

水发腐竹···· 200克
彩椒···········70克
蒜末·········少许
葱花·········少许

调料

盐·················3克
生抽···········2毫升
鸡粉···········2克
芝麻油·······2毫升
辣椒油·······3毫升
食用油·········适量

制作方法

1 将洗净的彩椒切成丝；然后在锅中加水烧开，加入食用油、盐，倒入洗好的腐竹丝，搅匀，煮至沸。

2 放入切好的彩椒，搅匀，煮1分30秒，至食材熟透；捞出，放入碗中，备用。

3 在碗中放入备好的蒜末、葱花，加入适量盐、生抽、鸡粉、芝麻油，用筷子搅拌匀。

4 淋入辣椒油，拌匀，至食材入味；盛出拌好的食材，装入盘中即可。

拌·功·秘·诀

泡腐竹的时候，用温水泡，并且在水里加一点盐，这样腐竹会很容易泡发，而且软硬均匀。

拌·功·秘·诀

海带的腥味较重，可以多放入一些芝麻油，这样口感会更佳。

原料准备

水发海带·····120克

胡萝卜··········25克

水发腐竹····100克

调料

盐··················2克

鸡粉············少许

生抽············4毫升

陈醋············7毫升

芝麻油··········适量

制作方法

1 将洗净的腐竹切成段；洗好的海带切细丝；洗净去皮的胡萝卜切成片，再切成丝，备用。

2 在锅中加水烧开，放入腐竹段，煮断生后捞出；再倒入海带丝，煮至熟透，捞出海带丝，备用。

3 取一个干净的大碗，倒入腐竹段和海带丝，撒上胡萝卜丝，拌匀。

4 加入盐、鸡粉、生抽、陈醋、芝麻油，拌至食材入味，盛入盘中即成。

烹饪时间：4分钟　口味：清淡

海带拌腐竹

芹菜胡萝卜丝拌腐竹

烹饪时间：3分钟　　口味：清淡

原料准备

芹菜·············85克

胡萝卜·········60克

水发腐竹·····140克

调料

盐·················2克

鸡粉·············2克

胡椒粉···········1克

芝麻油·······4毫升

制作方法

1 将洗好的芹菜切成长段；将洗净去皮的胡萝卜切片，再切丝；洗好的腐竹切段，备用。

2 在锅中加入适量清水烧开。

3 倒入芹菜、胡萝卜拌匀，用大火略煮片刻。

4 放入腐竹，拌匀，煮至食材断生。

5 捞出焯煮好的材料，沥干水分，待用。

6 取一个干净的大碗，倒入焯过水的材料。

7 加入盐、鸡粉、胡椒粉、芝麻油，拌匀至食材入味，将拌好的菜肴装入盘中即可。

拌·功·秘·诀

食材切制要均匀，焯水的时间不宜过久，以免影响其爽脆的口感。

拌·功·秘·诀

腐竹以煮至刚熟为佳，过熟或没熟都会影响口感，不利于营养元素的消化吸收。

洋葱拌腐竹

烹饪时间：3分钟　口味：辣

原料准备

洋葱	50克
水发腐竹	200克
红椒	15克
葱花	少许

调料

盐、鸡粉	各2克
生抽	4毫升
芝麻油	2毫升
辣椒油	3毫升
食用油	适量

制作方法

1 将洗净的洋葱切成丝；将洗好的红椒切开，去籽，切成丝。

2 热锅注油烧热，放入洋葱、红椒，搅匀，炸出香味，捞出。

3 锅底留油，注入清水烧开，加少许盐，放入腐竹段，煮1分钟至熟，捞出。

4 将腐竹装入碗中，放入洋葱、红椒、葱花、盐、鸡粉、生抽、芝麻油、辣椒油，拌匀调味即可。

黄瓜拌豆皮

烹饪时间：4分钟　口味：清淡

原料准备

黄瓜…………120克
豆皮…………150克
红椒…………25克
蒜末、葱花 各少许

调料

盐、鸡粉……各2克
生抽…………4毫升
陈醋…………6毫升
芝麻油………适量
食用油………适量

制作方法

1 将洗净的黄瓜切成细丝；洗好的红椒切成丝；将洗净的豆皮切成细丝。

2 在锅中加水烧开，放入食用油、盐、豆皮，煮约1分钟；放入红椒丝，煮至全部食材熟透后捞出。

3 将焯好的食材放在碗中，再倒入黄瓜丝，放入蒜末、葱花，加入盐，淋入生抽，撒上鸡粉。

4 倒入陈醋、芝麻油，拌至食材入味；取一个干净的盘子，放入拌好的食材，摆好即成。

拌·功·秘·诀

豆皮尽量切得整齐一些，这样成品的样式才美观。

豆皮拌豆苗

烹饪时间：5分钟　　口味：辣

原料准备

豆皮…………70克

豆苗…………60克

花椒…………15克

葱花…………少许

调料

盐……………1克

鸡粉…………1克

生抽…………5毫升

食用油………适量

制作方法

1 将洗净的豆皮切成丝；将豆皮丝切成两段。

2 在沸水锅中倒入洗净的豆苗，焯煮1分钟至断生，捞出。

3 在锅中再倒入豆皮，焯煮2分钟至去除豆腥味，捞出沥干，装碗，撒上葱花待用。

4 另起锅注油，倒入花椒，炸约1分钟至香味飘出，捞出炸过的花椒。

5 将花椒油淋在豆皮和葱花上，放上焯好的豆苗。

6 加入盐、鸡粉、生抽，拌匀食材。

7 将拌好的菜肴装盘即可。

> ✎ 拌·功·秘·诀
>
> 拌的时候还可以加入少许陈醋，更能促进食欲；豆苗焯煮时间不宜太长，以免失去原有的脆嫩口感。

香油拌豆腐皮

烹饪时间：2分钟　　口味：酸

原料准备

豆腐皮········180克
青椒··········40克
红椒··········40克
蒜末··········少许
葱花··········少许

调料

鸡粉··········2克
盐············2克
白糖··········3克
陈醋··········4毫升
芝麻油········4毫升

制作方法

1 将洗净的豆腐皮切成丝，待用。

2 将洗净的青椒、红椒切成段，再切开去籽，切成丝。

3 在锅中加入适量的清水，用大火烧开。

4 倒入豆腐皮，搅匀，煮约半分钟；捞出，沥干水分，待用。

5 取一个干净的碗，倒入蒜末，放入青椒丝、红椒丝、豆腐皮，拌匀。

6 加入鸡粉、盐、白糖，淋入陈醋、芝麻油，搅拌均匀。

7 将拌好的食材装入盘中，撒上葱花即可。

拌·功·秘·诀

拌豆腐皮时，可以加入适量酥脆的花生米碎，不仅能丰富口味，而且口感也不错。

凉拌卤豆腐皮

烹饪时间：24分钟　　口味：咸

原料准备

豆腐皮········230克
黄瓜············60克
卤水········350毫升

调料

芝麻油··········适量

制作方法

1 将洗净的豆腐皮切成细丝；将洗好的黄瓜切片，再切成丝。

2 将锅置火上，倒入卤水，放入豆腐皮拌匀。

3 加盖，大火烧开后转小火卤约20分钟至熟。

4 揭盖，关火后将卤好的材料倒入碗中。

5 放凉后捞出豆腐皮，放入另一个干净的碗中，倒入黄瓜，淋上芝麻油。

6 用筷子搅拌均匀。

7 将拌好的豆腐皮装入用黄瓜装饰好的盘中即可。

拌·功·秘·诀

豆腐皮可先焯煮片刻，去除其豆腥味；豆腐皮切丝要均匀，这样卤煮会更好。

葱丝拌熏干

烹饪时间：2分钟　口味：清淡

原料准备 🥜

熏干············180克

大葱············70克

红椒············15克

调料 🥢

盐·················2克

白糖·············2克

陈醋············6毫升

鸡粉·············2克

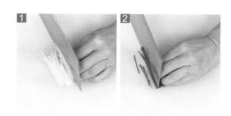

制作方法 🍚

1 将洗净的大葱切成细丝；将备好的熏干切成粗丝，备用。

2 将洗好的红椒切开，去籽，再切成细丝。

3 在锅中加入适量清水烧开，倒入熏干，用大火煮至断生。

4 捞出熏干，沥干水分，装盘待用。

5 将葱丝放入盘中，放上熏干，摆放好。

6 用油起锅，倒入红椒，炒匀炒香。

7 加入适量的盐、白糖、陈醋、鸡粉，拌匀，调成味汁，浇在熏干上即可食用。

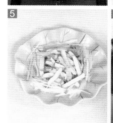

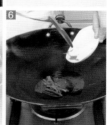

🥄**拌·功·秘·诀**

要等焯过水的熏干放凉后再拌，这样更加爽口；如果喜欢酸辣口感，也可加少许凉拌醋。

金针菇拌豆干

烹饪时间：3分钟　　口味：清淡

原料准备 ✂

金针菇·········85克

豆干·········165克

彩椒·········20克

蒜末·········少许

调料 🥄

盐·············2克

鸡粉·········2克

芝麻油·········6毫升

制作方法 🍳

1 将洗净的金针菇根部切去；将洗好的彩椒切开，去籽，切成细丝；将洗净的豆干切成粗丝，备用。

2 在锅中加水烧开，倒入豆干，拌匀，略煮一会儿；捞出豆干，沥干水分，待用。

3 另起锅，注入适量清水烧开，倒入金针菇、彩椒丝，拌匀，煮至断生。

4 捞出焯水的材料，沥干水分，待用。

5 取一个干净的大碗，倒入金针菇、彩椒丝，放入豆干，拌匀。

6 撒上蒜末，加入盐、鸡粉、芝麻油，拌匀。

7 将拌好的菜肴装入盘中即成。

☛ 拌·功·秘·诀

豆干焯煮的时间不宜过长，以免影响其口感；口味偏重者，可加入适量剁椒。

香菜豆腐干

烹饪时间：2分钟　　口味：辣

原料准备

豆腐干·······300克

香菜···········60克

朝天椒·········20克

调料

盐·················2克

鸡粉·············1克

生抽·········5毫升

陈醋·········5毫升

白糖·············2克

苏籽油·····5毫升

大豆油·····5毫升

制作方法

1 将洗好的豆腐干从中间横刀切开，再切成片。

2 将洗净的香菜切成段；将洗好的朝天椒切圈。

3 在沸水锅中加入盐，倒入切好的豆腐干，焯至断生，捞出沥干。

4 取一个干净的碗，倒入豆腐干，倒入切好的朝天椒。

5 放入切好的香菜，加入盐、鸡粉、生抽、陈醋、白糖。

6 倒入苏籽油，再淋入大豆油，将食材充分拌匀。

7 将拌好的豆腐干装盘即可。

拌·功·秘·诀

加入少许的蒜末拌匀后食用，口感更佳；如果口感偏清淡，可用青椒代替朝天椒。

豌豆苗拌香干

烹饪时间：2分钟　　口味：清淡

原料准备

豌豆苗·········90克

香干·········150克

彩椒··········40克

蒜末·········少许

调料

盐·········3克

鸡粉·········3克

生抽·········4毫升

芝麻油·······2毫升

食用油·······适量

制作方法

1 将香干切成条；将洗好的彩椒切成条，备用。

2 在锅中加水烧开，倒入适量食用油，加入少许盐、鸡粉，倒入香干、彩椒，拌匀，煮半分钟。

3 加入豌豆苗，搅拌匀，再煮半分钟至断生，把锅中的食材捞出，沥干水分。

4 将焯煮好的食材装入碗中，放入蒜末、生抽、鸡粉、盐、芝麻油，用筷子搅拌均匀，装盘即可。

拌·功·秘·诀

香干焯煮后不易入味，可以多拌一会儿。

凉拌油豆腐

烹饪时间：2分钟　口味：咸

原料准备

油豆腐·········110克

香菜············少许

姜末············少许

葱花············少许

调料

盐················1克

鸡粉············1克

生抽··········5毫升

芝麻油········5毫升

制作方法

1 将油豆腐对半切开；在沸水锅中倒入切好的油豆腐，焯煮约1分钟至熟。

2 捞出焯煮好的油豆腐，沥干水分，装盘，放凉待用。

3 将放凉的油豆腐装碗，放入姜末、葱花，加入盐、鸡粉、生抽、芝麻油，搅拌均匀。

4 将拌匀的油豆腐装盘，放上洗净的香菜即可。

拌·功·秘·诀

在拌菜时可以放点陈醋和辣椒油，这样会更加刺激味蕾，增加食欲。

鱼虾蟹个个鲜，
拌着吃好有爱

鱼虾蟹等海鲜之所以在如今大受欢迎，主要原因恐怕就是"鲜"的特点惹人喜爱吧。那么，如何拌出海鲜的鲜味呢？本章就向大家介绍如何将各种海鲜拌出美味、拌出鲜香，打造出一道道让人垂涎三尺的海味。

拌鱿鱼丝

烹饪时间：3分钟　　口味：辣

原料准备

鱿鱼肉………120克
黄瓜…………160克

调料

盐、鸡粉……各1克
料酒…………4毫升
生抽…………3毫升
花椒油………3毫升
辣椒油………5毫升
陈醋…………4毫升

制作方法

1 将洗净的黄瓜切段，再切片，改切成细丝，装盘待用。

2 将洗净的鱿鱼肉切片，再切成粗丝。

3 在锅中加入适量清水烧开，加入料酒，倒入鱿鱼，煮至熟透。

4 捞出鱿鱼，沥干水分，放入装有黄瓜的盘中，备用。

5 取一个干净的小碗，加入盐、鸡粉、生抽、花椒油、辣椒油、陈醋。

6 拌匀，调成味汁。

7 将味汁浇在食材上即可。

拌·功·秘·诀

鱿鱼焯水的时间不宜太长，以免影响菜肴的口感和风味。

椒油鱿鱼卷

烹饪时间：6分钟　　口味：鲜

原料准备

鱿鱼肉⋯⋯⋯135克

西芹⋯⋯⋯⋯95克

红椒⋯⋯⋯⋯20克

调料

盐⋯⋯⋯⋯⋯2克

鸡粉⋯⋯⋯⋯2克

芝麻油⋯⋯⋯6毫升

制作方法

1　将洗净的西芹用斜刀切成段。

2　将洗净的红椒切开，用斜刀切成块。

3　将洗净的鱿鱼肉切网格花刀，再切成小块。

4　在锅中加水烧开，倒入西芹，略煮；放入红椒片，煮至断生；捞出焯水的食材，沥干水分，待用。

5　在沸水锅中倒入鱿鱼，煮至鱿鱼肉卷起，捞出，沥干水分，待用。

6　取一个干净的大碗，倒入西芹、红椒、鱿鱼。

7　加入适量盐、鸡粉、芝麻油，拌至食材入味即可。

拌·功·秘·诀

鱿鱼焯水的时间不宜太长，但是也要保证熟透。

蒜薹拌鱿鱼

烹饪时间：3分钟　　口味：辣

原料准备

鱿鱼肉	200克
蒜薹	120克
彩椒	45克
蒜末	少许

调料

盐	3克
鸡粉	2克
生抽	4毫升
料酒	5毫升
豆瓣酱	8克
辣椒油	适量
芝麻油	适量
食用油	适量

制作方法

1 将洗净的蒜薹切成小段；将洗好的彩椒切成粗丝；将处理干净的鱿鱼肉切成块，再切成粗丝。

2 在装鱿鱼丝的碗中加盐、鸡粉、料酒，腌渍入味。

3 在锅中加水烧开，放入食用油、蒜薹、彩椒、盐，拌匀，焯煮断生后捞出。

4 在沸水锅中再倒入鱿鱼丝，搅拌匀，焯煮约1分钟，捞出，沥干水分。

5 将蒜薹和彩椒倒入碗中，放入鱿鱼丝，加入盐、鸡粉、豆瓣酱，撒上蒜末。

6 淋入辣椒油、生抽、芝麻油，搅拌入味。

7 取一个盘子，盛入拌好的菜肴，摆盘即成。

拌·功·秘·诀

鱿鱼的腌渍时间可适当长一些，这样能减轻其腥味，且更入味，菜肴口感也会更佳。

青椒鱿鱼丝

烹饪时间：1分钟　　口味：辣

原料准备

鱿鱼肉⋯⋯⋯140克
青椒⋯⋯⋯⋯90克
红椒⋯⋯⋯⋯25克

调料

料酒⋯⋯⋯⋯4毫升
盐⋯⋯⋯⋯⋯2克
鸡粉⋯⋯⋯⋯1克
生抽⋯⋯⋯⋯3毫升
辣椒油⋯⋯⋯5毫升
芝麻油⋯⋯⋯4毫升
陈醋⋯⋯⋯⋯6毫升
花椒油⋯⋯⋯3毫升

制作方法

1 将洗净的青椒、红椒切开，去籽，切成粗丝；将处理好的鱿鱼肉切成粗丝，备用。

2 在锅中加水烧开，淋入少许料酒，倒入鱿鱼，拌匀，煮至断生，捞出沥干。

3 在沸水锅中倒入青椒、红椒，焯至断生，捞出，沥干水分，待用。

4 将鱿鱼肉倒入碗中，加入青椒、红椒、盐、鸡粉、生抽、辣椒油、芝麻油、陈醋、花椒油，拌入味即可。

拌·功·秘·诀

汆煮鱿鱼时加入少许料酒，可去除鱿鱼的腥味。

醋拌墨鱼卷

烹饪时间：5分钟　口味：鲜

原料准备

墨鱼···········100克
姜丝··········少许
葱丝··········少许
红椒丝·········少许

调料

盐··············2克
鸡粉············3克
芝麻油········适量
陈醋············适量

制作方法

1　将处理好的墨鱼切上花刀，再切成小块，备用。

2　在锅中加入适量清水烧开，倒入墨鱼，煮至熟透，捞出墨鱼，装盘备用。

3　取一个干净的碗，加入盐、陈醋，放入鸡粉，淋入芝麻油，拌匀，制成酱汁。

4　把酱汁浇在墨鱼上，放上葱丝、姜丝、红椒丝即可。

拌·功·秘·诀

墨鱼切花刀时要均匀，这样更易入味。

凉拌八爪鱼

烹饪时间：2分钟　　口味：鲜

原料准备 🥜

八爪鱼………230克

红椒粒………35克

姜末…………少许

蒜末…………少许

葱花…………少许

调料 🧂

盐………………2克

生抽…………5毫升

料酒…………4毫升

胡椒粉………少许

食用油………适量

制作方法 🍲

1 在锅中加入适量清水，大火烧开，放入备好的八爪鱼，淋入料酒，搅拌片刻。

2 盖上锅盖，焯煮至断生，掀开锅盖，将八爪鱼捞出，沥干水分。

3 将八爪鱼放凉后切成小块，待用。

4 将切好的八爪鱼装入碗中，放入盐、生抽、胡椒粉，拌匀。

5 倒入蒜末、姜末、葱花、红椒粒。

6 在热锅中加油，烧至八成热。

7 将热油浇在八爪鱼上，搅拌匀，装入盘中即可食用。

🥄 **拌·功·秘·诀**

八爪鱼焯水时可以加点醋，既可以去除腥味，又能提升口感。

拌明太鱼干

烹饪时间：1分钟　　口味：鲜

原料准备

明太鱼干···· 300克

洋葱·············90克

胡萝卜丝·······50克

韩式辣椒酱···40克

白芝麻·········30克

麦芽糖··········30克

蒜末·············少许

调料

白醋··········4毫升

芝麻油········5毫升

盐·················少许

制作方法

1　将洗净的洋葱对切开，再切成丝。

2　将洗净的明太鱼干用手撕成粗条。

3　将明太鱼干的水分稍稍压干。

4　将明太鱼干装入碗中，放入洋葱丝、胡萝卜丝。

5　再放入蒜末、辣椒酱、麦芽糖、白芝麻。

6　加入盐，淋上白醋、芝麻油，搅拌匀。

7　取一个干净的盘子，将拌好的明太鱼干装入即可。

拌·功·秘·诀

用手将鱼肉与鱼皮分开，顺着鱼肉的方向撕成细丝，可以撕碎一点，便于入味。

凉瓜海蜇丝

烹饪时间：2分钟　　口味：鲜

原料准备

水发海蜇丝·150克

苦瓜············90克

蒜末············少许

调料

盐··················2克

鸡粉··············2克

白糖··············3克

陈醋··········5毫升

芝麻油········6毫升

制作方法

1 将洗净的海蜇丝切成段；将洗净的苦瓜切开，去瓤，再切成粗丝。

2 在锅中加水烧开，倒入海蜇段，拌匀。

3 捞出海蜇段，放入清水中，待用。

4 在沸水锅中倒入苦瓜，煮至断生，捞出苦瓜，沥干水分，待用。

5 取一个干净的大碗，倒入海蜇丝、苦瓜，拌匀；加入盐、鸡粉、白糖、陈醋、芝麻油。

6 撒上蒜末，拌匀，至食材入味。

7 将拌好的菜肴盛入盘中即可。

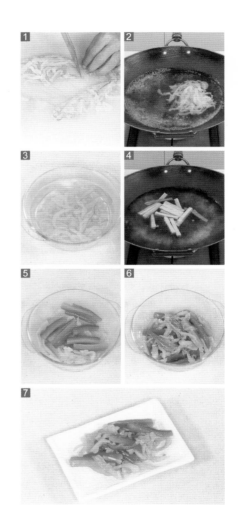

拌·功·秘·诀

苦瓜可在淡盐水中泡一会儿，能有效减轻苦味，这样菜看更易入口。

紫甘蓝拌海蜇丝

烹饪时间：2分钟　　口味：清淡

原料准备

紫甘蓝⋯⋯⋯160克

白菜⋯⋯⋯⋯160克

水发海蜇丝⋯30克

香菜⋯⋯⋯⋯20克

蒜末⋯⋯⋯⋯少许

调料

盐⋯⋯⋯⋯⋯2克

鸡粉⋯⋯⋯⋯2克

白糖⋯⋯⋯⋯3克

芝麻油⋯⋯⋯8毫升

陈醋⋯⋯⋯⋯10毫升

制作方法

1　将洗净的白菜切成段，改切成细丝；将洗好的紫甘蓝切成细丝；将洗净的香菜切成碎末。

2　在锅中加入适量清水烧开，加入少许盐。

3　倒入备好的海蜇丝，拌匀，煮至断生后捞出，沥干水分，备用。

4　在沸水锅中倒入切好的白菜、紫甘蓝，拌匀，煮约半分钟，捞出，备用。

5　取一个干净的大碗，倒入白菜、紫甘蓝，加入少许盐、鸡粉、白糖、芝麻油、陈醋。

6　撒上蒜末、香菜，搅拌均匀。

7　倒入海蜇丝拌入味，装入盘中即可。

拌·功·秘·诀

海蜇丝焯水后要立即捞出过一遍凉开水，否则会缩得很厉害，影响口感。

桔梗拌海蜇

烹饪时间：1分30秒　　口味：酸

原料准备

水发桔梗···· 100克

熟海蜇丝·······85克

葱丝··········少许

红椒丝··········少许

调料

盐···············2克

白糖···········2克

胡椒粉········适量

鸡粉············适量

生抽···········5毫升

陈醋·········12毫升

制作方法

1 将洗净的桔梗切成细丝，备用。

2 取一个干净的碗，放入切好的桔梗，倒入备好的熟海蜇丝。

3 加入少许盐、白糖、鸡粉，淋入适量生抽。

4 再倒入适量陈醋，撒上少许胡椒粉。

5 搅拌一会儿，至食材入味。

6 将拌好的菜肴盛入盘中，点缀上葱丝、红椒丝即可。

拌·功·秘·诀

桔梗可用温水浸泡，这样能缩短泡发的时间；调料可根据个人喜好酌情增加或减少。

香葱拌双丝

烹饪时间：5分钟　　口味：咸

原料准备 🥢

水发粉丝	160克
海蜇丝	110克
葱段	30克
黄瓜	130克
蒜末	适量

调料 🧂

盐	1克
鸡粉	1克
白糖	2克
陈醋	5毫升
生抽	10毫升
苏籽油	10毫升

制作方法 🍚

1 将洗净的黄瓜切片，改切成丝。

2 将黄瓜丝整齐摆入盘中，待用。

3 在沸水锅中倒入海蜇丝，放入泡好的粉丝，焯煮2分钟至食材断生。

4 捞出焯好的海蜇丝和粉丝，沥干水分，装入碗中。

5 在碗中倒入蒜末，放入葱段，加入盐、鸡粉、白糖、陈醋、生抽、苏籽油。

6 将材料充分拌匀，往黄瓜丝上淋入生抽。

7 将拌好的海蜇丝和粉丝放在黄瓜丝上即可。

🥄 拌·功·秘·诀

生抽有咸味，可以少放或不放盐；黄瓜丝也可以焯水至断生后再摆盘。

拌·功·秘·诀

海蜇皮汆完水后可以放入凉水中浸泡片刻，口感会更脆爽。

烹饪时间：2分钟　口味：鲜

老虎菜拌海蜇皮

原料准备

海蜇皮	250克
黄瓜	200克
青椒	50克
红椒	60克
洋葱	180克
西红柿	150克
香菜	少许

调料

生抽、陈醋	各5毫升
白糖	3克
芝麻油、辣椒油	各3毫升

制作方法

1 将洗净的西红柿切成片；将洗净的黄瓜切成丝；将洗净的青椒、红椒切成丝；将处理好的洋葱切成丝。

2 在锅中加水烧开，倒入海蜇皮，焯煮片刻，捞出沥干。

3 将海蜇皮装入碗中，淋入生抽、陈醋，加入白糖、芝麻油、辣椒油，倒入香菜，搅拌片刻，使食材入味。

4 取一个干净的盘子，摆上西红柿、洋葱、黄瓜，再放上青椒、红椒，倒入海蜇皮即可。

盐水虾

烹饪时间：3分钟　口味·鲜

原料准备

基围虾········170克

八角···········少许

桂皮···········少许

花椒···········少许

姜末···········适量

姜片···········适量

葱段···········适量

冰块···········适量

调料

盐···············4克

生抽·········5毫升

料酒·········10毫升

制作方法

1　在锅中加水烧热，倒入八角、桂皮、花椒、姜片和葱段。

2　然后加盐、料酒，拌成盐水，取一部分装碗，入冰箱冷藏。

3　将剩余盐水煮开后放入处理干净的基围虾，汆烫至熟，捞出，放入冷藏好的盐水碗中，加入冰块降温。

4　将生抽、姜末制成蘸料，将已降温的盐水虾装盘，食用时蘸取蘸料即可。

拌·功·秘·诀

煮好的虾先不着急盛出来，可以在盐水中焖10分钟，使虾更加入味。

鲜虾紫甘蓝沙拉

烹饪时间：2分30秒　　口味：鲜

原料准备

西芹	70克
虾仁	70克
彩椒	50克
西红柿	130克
紫甘蓝	60克

调料

盐	2克
料酒	5毫升
沙拉酱	15克

制作方法

1 将洗净的西芹切成段；将洗净的西红柿切成瓣。

2 将洗好的彩椒切成小块；将洗净的紫甘蓝切条，再切成小块，备用。

3 在锅中加水烧开，放入盐，倒入西芹、彩椒、紫甘蓝，拌匀，煮半分钟至其断生，捞出，沥干水分。

4 把洗净的虾仁倒入沸水锅中，煮至沸；淋入适量料酒，搅匀，再煮1分钟至熟。

5 把煮熟的虾仁捞出，沥干水分，备用。

6 将煮好的西芹、彩椒和紫甘蓝倒入碗中。

7 放入西红柿、虾仁，加入沙拉酱，搅拌匀即可。

拌·功·秘·诀

紫甘蓝不宜焯水过久，否则会破坏其营养成分，而且影响脆嫩的口感。

醉虾

烹饪时间：12分钟　　口味：鲜

原料准备

河虾·········· 200克
腐乳汁·········30克
料酒·········50毫升
姜片·············适量
葱段·············适量

调料

盐·················2克
生抽···········5毫升
白醋···········5毫升
芝麻油·········少许

制作方法

1 在玻璃饭盒中倒入洗净的河虾，放入姜片和葱段。

2 然后加入腐乳汁，倒入料酒。

3 然后放入生抽，加入白醋。

4 然后放入盐，加入芝麻油。

5 将河虾拌均匀。

6 盖上盖，浸泡10分钟至河虾"喝醉"且入味。

7 再揭开盖，将泡好的醉虾装盘即可。

拌·功·秘·诀

浸泡河虾时，可以放入适量冰块，这样口感冰爽，风味更佳，尤其适合在夏季食用。

百香果蜜梨海鲜沙拉

烹饪时间：15分钟　　口味：鲜

原料准备 🥗

百香果…………50克
雪梨…………100克
西红柿………100克
黄瓜…………80克
芦笋…………50克
虾仁…………15克

调料 🥄

蜂蜜…………少许
橄榄油………适量

制作方法 🍽

1 将洗好去皮的雪梨切成小块；将洗净的黄瓜切小片；将洗好的西红柿成切片；将洗净的芦笋切成条。

2 将处理好的虾仁去除虾线；将洗好的百香果切开；取一个干净的碗，倒入百香果、蜂蜜、橄榄油，制成沙拉酱。

3 在锅中加水烧开，倒入橄榄油，放入芦笋，略煮一会儿，捞出，装盘；在沸水锅中倒入虾仁，略煮一会儿，捞出。

4 取一个干净的盘子，放入西红柿、芦笋、黄瓜、虾仁、雪梨，浇上沙拉酱即可。

🥄 拌·功·秘·诀
在沙拉酱中可以加一些蜂蜜，这样口感会更好。

白菜拌虾米

烹饪时间：1分30秒　口味：酸

原料准备

白菜梗………140克

虾米…………65克

蒜末…………少许

葱花…………少许

调料

盐………………2克

鸡粉……………2克

生抽…………4毫升

陈醋…………5毫升

芝麻油………适量

食用油………适量

制作方法

1 将洗净的白菜梗切成细丝。

2 起油锅，放入虾米，炸至熟透，捞出，沥干油。

3 取一个干净的大碗，倒入白菜梗，加入盐、鸡粉、生抽、食用油、芝麻油、陈醋，撒上蒜末、葱花，搅拌均匀。

4 放入虾米，搅拌至食材入味；取一个干净的盘子，盛入拌好的菜肴，摆好盘即可。

拌·功·秘·诀

炸虾米时，待油温八成热时放入虾米，炸至金黄色即可捞出，这样炸出的虾米酥脆鲜香。

金钩西芹

烹饪时间：2分30秒　口味·鲜

原料准备

西芹............150克
熟海米..........45克
姜末............少许
蒜末............少许

调料

盐..............2克
白糖............2克
芝麻油..........5毫升

制作方法

1 将洗净的西芹切成菱形块。

2 在锅中加水烧开，放入西芹，拌匀，煮至断生，捞出，沥干水分，待用。

3 取一个干净的大碗，倒入西芹，放入姜末、葱末，加入盐、白糖、芝麻油，拌匀。

4 取一个干净的盘子，盛入拌好的材料，摆放整齐，撒上熟海米即可。

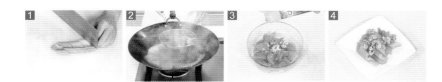

拌·功·秘·诀

西芹烹调前不要放置过久，以免失去其脆嫩的口感。

拌·功·秘·诀

木耳用温水泡发可以缩短泡发时间；未泡发的部分要摘掉，不能食用。

原料准备

莴笋…………140克
黄瓜…………120克
水发木耳………50克
水发海米………30克
红椒片………少许

调料

盐……………2克
鸡粉…………1克
白糖…………3克
芝麻油………4毫升

制作方法

1 将洗净去皮的莴笋切菱形片；将洗净的黄瓜切菱形片；将洗净的木耳切成小块。

2 在锅中加水烧开，倒入木耳煮至断生，捞出；倒入海米，焯去多余盐分，捞出，沥干。

3 取一个干净的碗，倒入莴笋、黄瓜、木耳，加入盐，拌匀，腌渍约2分钟。

4 再倒入海米、红椒，加入鸡粉、白糖、芝麻油，拌入味，盛入盘中即可。

烹饪时间：3分钟 口味：鲜

海米拌三脆

尖椒虾皮

烹饪时间：2分钟　　口味：辣

原料准备

红椒…………25克

青椒…………50克

虾皮…………35克

葱花…………少许

调料

盐……………2克

鸡粉…………1克

辣椒油………6毫升

芝麻油………4毫升

陈醋…………4毫升

生抽…………5毫升

制作方法

1 将洗好的青椒切段，再切开，去籽，切粗丝，改切成粒。

2 将洗净的红椒切开，去籽，再切粗丝，改切成粒，装入盘中，待用。

3 取一个干净的小碗，加入盐、鸡粉、辣椒油、芝麻油、陈醋、生抽。

4 拌匀，调成味汁。

5 另取一个干净的大碗，倒入青椒、红椒、虾皮。

6 撒上葱花，倒入味汁，拌至食材入味。

7 将拌好的菜肴盛入盘中即可。

拌·功·秘·诀

虾皮有咸味，因此可以少放些盐；如果生食不易入口，可将食材焯水后再进行拌制。

虾皮拌香菜

烹饪时间：3分钟　　口味：鲜

原料准备 🥜

虾皮⋯⋯⋯⋯40克
香菜梗⋯⋯⋯30克
姜丝⋯⋯⋯⋯少许
红椒⋯⋯⋯⋯20克
水发粉皮⋯100克

调料 🥄

盐、鸡粉⋯⋯各2克
生抽⋯⋯⋯⋯4毫升
陈醋⋯⋯⋯⋯7毫升
芝麻油⋯⋯⋯6毫升

制作方法 🍚

1 将洗净的红椒对半切开，去籽，再切成粗丝，备用。

2 取一个干净的大碗，倒入香菜、红椒、粉皮、姜丝、虾皮，拌匀。

3 加入盐、鸡粉、生抽、芝麻油、陈醋，拌匀，至食材入味。

4 将拌好的菜肴盛入盘中即可。

🥄 拌·功·秘·诀

香菜可切成碎末，这样香味更浓。

拌·功·秘·诀

如果喜欢蒜香味道，也可放入少许蒜末一起拌匀。

原料准备

香菜……………50克
大葱……………60克
青椒……………70克
红椒……………40克
虾皮……………30克

调料

盐、鸡粉……各2克
白糖……………3克
白醋……………4毫升
芝麻油…………3毫升

制作方法

1 将洗净的香菜切成段；将处理好的大葱对切开，用斜刀切成丝。

2 将洗净的青椒、红椒切开，去籽，再切成丝，备用。

3 取一个干净的碗，放入青椒、大葱、香菜、红椒，加盐、白糖、白醋、芝麻油、鸡粉，拌匀。

4 倒入洗好的虾皮，搅拌匀，将拌好的菜肴装入盘中即可。

烹饪时间：1分30秒　口味：鲜

虾皮老虎菜

金枪鱼水果沙拉

烹饪时间：2分钟　　口味：甜

原料准备

熟金枪鱼肉·180克

苹果…………80克

圣女果………150克

沙拉酱………50克

调料

山核桃油……适量

白糖…………3克

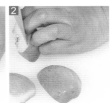

制作方法

1 将洗净的圣女果对半切开。

2 将洗净的苹果切成大小一致的瓣，去核。

3 依次在每一瓣苹果的左右两边切三刀，切开，展开呈花状。

4 将熟金枪鱼肉切成小块。

5 在苹果上摆放圣女果、金枪鱼，待用。

6 取一个干净的碗，倒入沙拉酱、白糖、山核桃油，搅匀。

7 将调好的酱料浇在食材上即可。

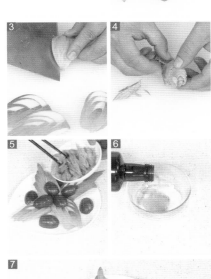

拌·功·秘·诀

鱼肉可以撕得碎一点儿，口感会更好；调料可根据个人喜好酌情添加。

芥辣荷兰豆拌螺肉

烹饪时间：1分钟　　口味：鲜

原料准备 🥬

水发螺肉···· 200克

荷兰豆········250克

调料 🥄

芥末膏··········15克

生抽··········8毫升

芝麻油·······3毫升

制作方法 🍲

1 将处理好的荷兰豆切成段；将泡发好的螺肉切成小块。

2 在锅中加入适量清水，用大火烧开。

3 倒入荷兰豆，焯煮片刻至断生。

4 将荷兰豆捞出，沥干水分，待用。

5 再将螺肉倒入，搅匀焯煮片刻；将螺肉捞出，沥干水分，待用。

6 取一个干净的盘子，摆上荷兰豆、螺肉。

7 在玻璃碗中加入芥末膏、生抽、芝麻油，搅匀，浇在食材上即可。

🥄 拌·功·秘·诀

螺肉可以用温水泡发，这样能减少泡发时间，入沸水锅要焯煮熟透后再拌制。

菌豆鲜香味美，
趣味美食拌出来

菌类的营养价值非常高，也有很好的养生防病功效。比如香菇，现代医学表明香菇不但能抑制肿瘤生长，还能增强人体的免疫力。而豆类泛指所有能产生豆荚的豆科植物，此类食材一般蛋白质含量很高，是增强免疫的首选食材。

香干丝拌香菇

烹饪时间：5分钟　口味：清淡

原料准备

香干…………4片
红椒…………30克
水发香菇……25克
蒜末…………少许

调料

盐、鸡粉……各2克
白糖…………2克
生抽、陈醋各5毫升
芝麻油………5毫升
食用油………适量

制作方法

1 将洗净的香干切粗丝；将洗好的红椒切丝；将洗净的香菇切去柄部，切成粗丝。

2 在锅中加水烧开，倒入香干丝，焯煮片刻，捞出沥干；再倒入香菇丝，焯煮片刻，捞出沥干。

3 取一个干净的碗，倒入香干，加入盐、鸡粉、白糖、生抽、陈醋、芝麻油，用筷子搅拌均匀，待用。

4 用油起锅，倒入香菇丝、蒜末、红椒丝，炒匀，加入盐炒熟；盛出，放入装有香干丝的碗中，搅拌均匀即可。

拌·功·秘·诀

可以根据自己的喜好，加入其他调料。

拌·功·秘·诀

芹菜的口感清脆，焯煮的时间不宜太长，以免成品的口感变差。

原料准备

金针菇········· 100克
胡萝卜·········· 90克
芹菜············· 50克
蒜末············· 少许

调料

盐················· 2克
白糖·············· 2克
生抽·············· 6毫升
陈醋·············· 12毫升
芝麻油··········· 适量
食用油··········· 适量

制作方法

1 将洗净的金针菇切去根部；将洗净去皮的胡萝卜切成片，再切成丝；将洗净的芹菜切成段，备用。

2 在锅中加水烧开，加入少许食用油，放入胡萝卜、芹菜、金针菇，搅拌匀，煮约1分钟。

3 煮至食材熟软后捞出，沥干水分，装入碗中，撒上蒜末，加入盐、白糖、生抽、陈醋。

4 倒入芝麻油，快速搅拌至食材入味；取一个干净的盘子，盛入拌好的食材，摆好盘即成。

烹饪时间：2分钟　口味：酸

金针菇拌芹菜

清拌金针菇

烹饪时间：5分钟　　口味：辣

原料准备 🥬

金针菇······· 300克

朝天椒········· 15克

葱花············· 少许

调料 🧂

盐·················· 2克

鸡粉·············· 2克

白糖·············· 2克

橄榄油········· 适量

蒸鱼豉油···30毫升

制作方法 🍲

1 将洗净的金针菇切去根部；将洗净的朝天椒切成圈。

2 在锅中加水烧开，放适量盐、橄榄油，倒入金针菇，煮约1分钟至熟。

3 把煮好的金针菇捞出，沥干水分，装入盘中，铺平摆好。

4 朝天椒圈装入碗中，加蒸鱼豉油、鸡粉、白糖，拌匀，制成味汁。

5 将味汁浇在金针菇上，再撒上葱花。

6 在锅中加入少许橄榄油，烧热。

7 将热油浇在金针菇上即可。

🥄 **拌·功·秘·诀**

金针菇煮的时间不宜过长，控制在1分钟左右，这样能保持金针菇鲜嫩的口感。

白萝卜拌金针菇

烹饪时间：2分钟　　口味：清淡

原料准备

白萝卜⋯⋯⋯200克

金针菇⋯⋯⋯100克

彩椒⋯⋯⋯⋯20克

圆椒⋯⋯⋯⋯10克

蒜末⋯⋯⋯⋯适量

葱花⋯⋯⋯⋯少许

调料

盐⋯⋯⋯⋯⋯2克

鸡粉⋯⋯⋯⋯2克

白糖⋯⋯⋯⋯5克

辣椒油⋯⋯⋯适量

芝麻油⋯⋯⋯适量

制作方法

1 将洗净去皮的白萝卜切成细丝；将洗好的圆椒切成细丝；将洗净的彩椒切成细丝；将金针菇切除根部。

2 在锅中加水烧开，倒入金针菇，煮至断生；然后捞出放入凉开水中，清洗干净，沥干水分，待用。

3 取一个干净的大碗，倒入白萝卜，放入切好的彩椒、圆椒，倒入金针菇，撒上蒜末，拌匀。

4 加入盐、鸡粉、白糖，淋入少许辣椒油、芝麻油，撒入葱花，拌匀，装盘即可。

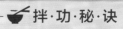

拌·功·秘·诀

白萝卜含水量比较高，可先加适量盐腌渍一会儿，挤干水分。

金针菇拌紫甘蓝

烹饪时间：2分钟　口味：清淡

原料准备

紫甘蓝………160克

金针菇………80克

彩椒…………10克

蒜末…………少许

调料

盐……………2克

鸡粉…………1克

白糖…………3克

陈醋…………7毫升

芝麻油………12毫升

制作方法

1　将洗净的金针菇切去根部；将洗净的彩椒切细丝；将洗净的紫甘蓝切细丝，备用。

2　在锅中加水烧开，倒入金针菇、彩椒丝，焯煮后捞出。

3　取一个干净的大碗，倒入紫甘蓝，放入焯过水的食材，撒上蒜末，拌匀。

4　加盐、鸡粉、白糖、陈醋、芝麻油，拌入味即可。

拌·功·秘·诀

金针菇可以用手撕开后再煮，这样更易熟透，并且拌制时容易入味，食用更爽口。

橄榄油蒜香蟹味菇

烹饪时间：1分30秒　　口味：清淡

原料准备

蟹味菇······ 200克

彩椒············· 40克

蒜末············· 少许

调料

盐··················· 3克

橄榄油········ 5毫升

食用油··········· 适量

黑胡椒粒······ 少许

制作方法

1 将洗净的彩椒切成粗丝，装入小碟中。

2 在锅中加水烧开，加入少许盐、食用油。

3 放入洗净的蟹味菇，倒入彩椒丝，搅拌匀，煮约半分钟。

4 至食材熟软后捞出，沥干水分。

5 将焯煮熟的食材装入碗中。

6 加入少许盐，撒上蒜末，倒入适量橄榄油，快速搅匀，至食材入味。

7 取一个干净的盘子，盛入拌好的食材，撒上黑胡椒粒即成。

拌·功·秘·诀

焯煮食材时可以加入少许料酒，这样能提升蟹味菇的鲜味，拌出来的菜肴更好吃。

手撕香辣杏鲍菇

烹饪时间：8分钟　　口味：辣

原料准备

杏鲍菇	300克
蒜末	3克
葱花	3克
剁椒	10克

调料

醋	8毫升
白糖	5克
生抽	10毫升
芝麻油	适量

制作方法

1 将洗净的杏鲍菇切成段，再切成条形；备好电蒸锅，烧开水后放入切好的杏鲍菇。

2 盖上锅盖，蒸至食材熟透，揭盖，取出蒸熟的杏鲍菇。

3 将杏鲍菇放凉后撕成粗丝，装在盘中，摆好造型，待用。

4 取一个干净的小碗，倒入生抽、醋、白糖、芝麻油、蒜末，调成味汁，浇在盘中；最后放入剁椒，撒上葱花即可。

拌·功·秘·诀

剁椒可用热油爆一下，味道会更香。

拌·功·秘·诀

焯煮杏鲍菇的时候淋入少量料酒，可以有效去除杏鲍菇的异味。

原料准备

杏鲍菇········120克
野山椒·········30克
尖椒···········2个
葱丝···········少许

调料

盐·············2克
白糖···········2克
鸡粉···········3克
陈醋···········适量
食用油·········适量
料酒···········适量

制作方法

1 将洗净的杏鲍菇切成片；洗好的尖椒切成小圈；将野山椒剁碎。

2 在锅中加水烧开，倒入杏鲍菇，淋入料酒，焯煮片刻，盛出，放入凉水中冷却。

3 倒出清水，加入野山椒、尖椒、葱丝，加入盐、鸡粉、陈醋、白糖、食用油，搅拌均匀。

4 用保鲜膜密封好，放入冰箱冷藏4小时；取出，撕去保鲜膜，倒入盘中，放上少许葱丝即可。

烹饪时间：243分钟　口味：辣

野山椒杏鲍菇

红油拌秀珍菇

烹饪时间：4分钟　　口味：辣

原料准备

秀珍菇······· 300克

葱花············ 少许

蒜末············ 少许

调料

盐···················2克

鸡粉···············2克

白糖···············2克

生抽···········5毫升

陈醋···········5毫升

辣椒油········5毫升

制作方法

1 在锅中加入适量清水烧开，倒入秀珍菇，
  焯煮片刻至断生。

2 关火后捞出焯煮好的秀珍菇，沥干水分，
  装入盘中，备用。

3 取一个干净的碗，倒入秀珍菇、蒜末、葱花。

4 加入适量的盐、鸡粉、白糖、生抽、陈
  醋、辣椒油。

5 用筷子搅拌均匀。

6 将拌好的食材装入盘中即可。

拌·功·秘·诀

秀珍菇要提前焯煮片刻，这样可以去除异味，菜肴更加鲜香
诱人。

洋葱蘑菇沙拉

烹饪时间：2分钟　　口味：淡

原料准备

黄瓜·······················70克
洋葱·······················30克
杏鲍菇····················70克
香菇·······················50克
奶酪·······················50克
口蘑·······················40克
意大利香草调料·····10克

调料

盐··························2克
橄榄油·················4毫升
香醋·····················4毫升
白糖·····················2克
黑胡椒粉·········适量

制作方法

1 将洗净的杏鲍菇切成条；将洗净的香菇去
　柄，切成条，再切成丁。

2 将洗净的口蘑切成片；将奶酪切成块。

3 将洗净的黄瓜切成丁；处理好的洋葱切成片。

4 在锅中加水烧开，倒入杏鲍菇、香菇、口
　蘑，搅匀，焯煮至断生，捞出，过凉水。

5 取一个干净的碗，倒入焯熟的食材，放入洋
　葱、黄瓜、奶酪拌匀；加盐、黑胡椒粉、橄
　榄油。

6 淋上香醋，放入白糖，搅拌至入味。

7 将拌好的沙拉装入盘中，撒上意大利香草
　调料即可。

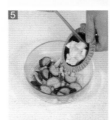

> **拌·功·秘·诀**
>
> 香菇最好用流动的水冲洗，能更好地去除杂质，也可在淀粉
> 水中清洗，能黏附杂质，清洗更干净。

红油拌杂菌

烹饪时间：4分30秒　　口味：辣

原料准备

白玉菇·········50克

鲜香菇·········35克

杏鲍菇·········55克

平菇·············30克

蒜末·············少许

葱花·············少许

调料

盐·················2克

鸡粉·············2克

胡椒粉·········少许

料酒·············3毫升

生抽·············4毫升

辣椒油·········适量

花椒油·········适量

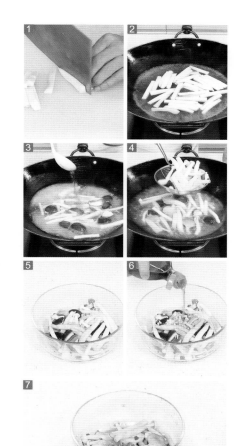

制作方法

1 将洗净的香菇切成块；将洗净的杏鲍菇切成条形。

2 在锅中加水烧开，倒入杏鲍菇，拌匀，用大火煮约1分钟。

3 放入香菇块，拌匀，倒入少许料酒。

4 倒入洗好的平菇、白玉菇，拌匀，煮至断生；关火后捞出，沥干水分，待用。

5 取一个干净的大碗，倒入焯熟的食材，加入盐、生抽、鸡粉。

6 放入适量的胡椒粉，撒上备好的蒜末，淋入适量的辣椒油、花椒油，搅拌匀。

7 再放入葱花，拌至食材入味；将拌好的菜肴装入盘中即成。

拌·功·秘·诀

焯煮食材时可以加入少许食用油，这样菜肴的口感更爽滑，也不易变色。

凉拌木耳

烹饪时间：1分30秒　　口味：辣

原料准备

水发木耳·····120克
胡萝卜·········45克
香菜············15克

调料

盐·················2克
鸡粉·············2克
生抽·········5毫升
辣椒油········7毫升

制作方法

1　将洗净的香菜切成长段；将去皮洗净的胡萝卜切成薄片，改切成细丝，备用。

2　在锅中加入适量清水烧开，放入洗净的木耳，拌匀。

3　煮约2分钟，至其熟透后捞出，沥干水分，待用。

4　取一个干净的大碗，放入焯好的木耳。

5　倒入胡萝卜丝、香菜段，加入盐、鸡粉。

6　淋入适量生抽，倒入少许辣椒油。

7　快速搅拌一会儿，至食材入味；将拌好的菜肴盛入盘中即成。

拌·功·秘·诀

焯煮木耳的时间不宜太长，以免影响其脆爽的口感。

蒜泥黑木耳

烹饪时间：3分钟　　口味：清淡

原料准备 🥬

水发黑木耳…60克

胡萝卜………80克

蒜泥…………少许

葱花…………少许

调料 🥄

盐……………3克

鸡粉…………3克

白糖…………3克

陈醋…………5毫升

芝麻油………2毫升

食用油………适量

制作方法 🍲

1 将洗净去皮的胡萝卜切成片；将洗净的黑木耳切成小块，备用。

2 在锅中加水烧开，加入盐、鸡粉、食用油，放入黑木耳煮沸，加入胡萝卜片，煮至食材熟透，捞出。

3 将黑木耳和胡萝卜装入碗中，放入适量盐、鸡粉、白糖，倒入蒜泥，撒上葱花。

4 淋入适量陈醋、芝麻油，用筷子拌至入味；盛出拌好的食材，装入盘中即可。

🥄 拌·功·秘·诀

生抽有一定的咸味，所以盐可以适量少放些。

乌醋花生黑木耳

烹饪时间：2分钟　口味：辣

原料准备 ✍

水发黑木耳·150克

去皮胡萝卜···80克

花生米········100克

朝天椒···········1个

葱花·············8克

调料 🥄

生抽··········3毫升

乌醋··········5毫升

制作方法 🍚

1 洗净的胡萝卜切成丝；在锅中加水烧开，倒入胡萝卜丝、洗净的黑木耳，拌匀，焯煮一会儿至断生。

2 捞出焯好的食材，放入凉水中，放凉后捞出，装在碗中。

3 在碗中加入花生米，放入切碎的朝天椒，加入生抽、乌醋，拌匀。

4 将拌好的凉菜装在盘中，撒上葱花点缀即可。

🥢 拌·功·秘·诀

可以依个人喜好，加入少许芝麻油，这样味道会更好。

枸杞拌蚕豆

烹饪时间：24分钟　　口味：辣

原料准备

蚕豆·············· 400克

枸杞··············20克

香菜··············10克

蒜末··············10克

调料

盐·····················1克

生抽··········5毫升

陈醋··········5毫升

辣椒油·········适量

制作方法

1　在锅内加水，加入盐，倒入洗净的蚕豆，放入枸杞，拌匀。

2　盖上锅盖，用大火煮开后转小火续煮30分钟至食材熟软。

3　揭开锅盖，捞出煮好的蚕豆、枸杞，沥干水分，装入碗中。

4　另起锅，倒入辣椒油，放入蒜末，爆香。

5　加入生抽、陈醋，拌匀，制成酱汁。

6　关火后将酱汁倒入蚕豆和枸杞中，拌匀。

7　将拌好的菜肴装盘，撒上香菜点缀即可。

拌·功·秘·诀

如果想方便些，可直接将调料放入煮熟的蚕豆和枸杞中拌匀，别有一番风味。

五香黄豆香菜

烹饪时间：32分30秒　　口味：清淡

原料准备 🌱

水发黄豆···· 200克

香菜············· 30克

姜片············· 少许

葱段············· 少许

香叶············· 少许

八角············· 少许

花椒············· 少许

调料 🥢

盐·················· 2克

白糖·············· 5克

芝麻油·········· 适量

食用油·········· 适量

制作方法 🍚

1 将洗净的香菜切成段；用油起锅，倒入八角、花椒，爆香，撒上姜片、葱段炒匀。

2 放入香叶，炒出香味；加入少许白糖、盐，炒匀，至糖分溶化。

3 注入适量清水，倒入洗净的黄豆，搅匀。

4 盖上锅盖，大火烧开后转小火卤约30分钟，至食材熟透。

5 揭开锅盖，盛出材料，滤在碗中，拣出香料。

6 撒上香菜，加入少许盐、芝麻油。

7 快速搅拌一会儿，至食材入味即可。

拌·功·秘·诀

卤制黄豆时可以加入少许老抽，能令黄豆的味道更醇厚；姜葱宜切得细小一些，容易出味。

香菜拌黄豆

烹饪时间：21分钟　　口味：鲜

原料准备

水发黄豆···· 200克

香菜············· 20克

姜片············· 少许

花椒············· 少许

调料

盐·················· 2克

芝麻油········· 5毫升

制作方法

1 在锅中加入适量清水，用大火烧开。

2 倒入备好的黄豆、姜片、花椒，再加入少许盐。

3 盖上锅盖，煮开后转小火，煮20分钟至食材入味。

4 揭开锅盖，将食材捞出装入碗中，拣去姜片、花椒。

5 将香菜加入黄豆中，加入盐、芝麻油。

6 搅拌片刻，使其入味。

7 将拌好的食材装入盘中即可。

拌·功·秘·诀

泡发黄豆的时候可以用热水泡发，能缩短泡发时间；香菜可切得细小一些再拌制，味道更好。

主食有营养，
配菜拌食都是主角儿

大家的一日三餐中，主食是必不可少的。快餐营养缺乏，又存有安全隐患。所以，如果能利用有限的时间拌一道快手主食，是非常明智的选择。下面将介绍主食搭配食材的技巧和方略，丰富你的美食菜单。

豆角拌面

烹饪时间：7分钟　　口味：清淡

原料准备 🥜

油面…………250克
豆角…………50克
肉末…………80克
红甜椒………20克

调料 🥄

盐……………2克
鸡粉…………3克
生抽…………适量
料酒…………适量
芝麻油………适量
食用油………适量

制作方法 🍽

1 将洗净的红甜椒切成丝，再切成粒；洗好的豆角切成粒。

2 用油起锅，倒入肉末，炒至转色。

3 放入豆角，加入料酒、生抽、鸡粉，炒匀。

4 加入红甜椒，炒匀；将炒好的食材盛出装入盘中，备用。

5 在锅中加水烧开，倒入油面，煮约5分钟至油面熟软，盛出，装入碗中。

6 碗中加入盐、生抽、鸡粉、芝麻油，放上炒好的部分肉末，拌匀。

7 最后放上剩余的肉末即可。

🥢 **拌·功·秘·诀**

在锅中放入面条后一定要用筷子快速搅散，以免粘在一起或粘在锅底，加调料拌制时要快速拌匀。

金枪鱼酱拌面

烹饪时间：5分钟　　口味：鲜

原料准备 🦪

荞麦面········140克

洋葱丝··········20克

姜末············少许

调料 🥄

芥末酱··········少许

金枪鱼酱·······45克

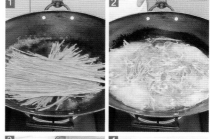

制作方法 🏔

1 在锅中加入适量清水，大火烧开，放入备好的荞麦面。

2 搅散，煮约4分钟，至面条熟透。

3 关火后捞出煮好的面条，沥干水分。

4 取一个干净的盘子，倒入煮熟的荞麦面。

5 放入备好的金枪鱼酱、洋葱丝。

6 撒上姜末，挤入少许芥末酱即成。

🥄 拌·功·秘·诀

趁热尽快食用，以免面条粘连，在荞麦面中加入适量洋葱丝和金枪鱼酱，用筷子快速拌匀即可。

花生酱拌荞麦面

烹饪时间：3分钟　　口味：清淡

原料准备

荞麦面·········95克
黄瓜···········60克
胡萝卜·········50克
葱丝··········少许

调料

盐·············2克
鸡粉···········2克
白糖··········适量
陈醋·········4毫升
生抽·········5毫升
芝麻油·······7毫升
花生酱········少许

制作方法

1 将洗净去皮的胡萝卜切成薄片，再切成细丝；将洗净的黄瓜切成薄片，再切成细丝。

2 在锅中加水烧开，放入荞麦面，煮熟软。

3 捞出煮好的荞麦面，过凉开水，捞出。

4 将面条装入碗中，放入胡萝卜、黄瓜，放入备好的葱丝，搅拌均匀。

5 另取小碗，倒入花生酱、盐、生抽、鸡粉，再加白糖、陈醋、芝麻油，调成味汁。

6 将味汁浇到拌好的荞麦面上，搅拌均匀至其入味。

7 将拌好的面装入盘中即可。

拌·功·秘·诀

煮好的面可在凉开水中多泡一会儿，以免面条坨在一起，且口感会更佳。

鸡蛋羹拌面

烹饪时间：4分30秒　　口味：鲜

原料准备 🥢

面条	175克
黄豆芽	35克
鸡蛋羹	80克
洋葱末	35克
肉末	45克
姜末	少许
蒜末	少许

调料 🧂

盐	2克
鸡粉	1克
生抽	2毫升
料酒	3毫升
五香粉	2克
水淀粉	适量
食用油	适量

制作方法 🍲

1 用油起锅，倒入肉末，加入料酒，炒至变色；撒上姜末、蒜末，炒出香味。

2 倒入洋葱末，炒至变软；注入适量的开水，加入少许盐、生抽、鸡粉，炒匀调味。

3 撒上五香粉炒香；用水淀粉勾芡，至食材入味；盛出装盘，制成肉末酱。

4 在锅中加水烧开，放入面条煮熟后捞出。

5 将锅中的面汤煮沸，放入洗净的黄豆芽，煮至断生后捞出，沥干水分，待用。

6 取一个干净的盘子，倒入面条，放入豆芽，放入鸡蛋羹、肉末酱，食用时拌匀即可。

🥄 拌·功·秘·诀

肉末酱可以加少许辣椒油调匀，这样味道会更香；调味时可以根据个人喜好酌情增减用量。

榨菜麻酱干拌面

烹饪时间：5分钟　　口味：鲜

原料准备

板面…………220克
培根片………40克
榨菜…………25克
蒜末…………适量
葱花…………少许

调料

料酒…………4毫升
生抽…………3毫升
水淀粉………适量
食用油………适量
芝麻酱………35克

制作方法

1 在锅中倒油爆香蒜末，倒入洗净的培根片，炒至断生；放入榨菜，翻炒一会儿。

2 淋入料酒、生抽，炒匀；用水淀粉勾芡，炒至食材熟透，盛出装盘，制成酱料。

3 在锅中加水烧开，放入板面煮熟，捞出，沥干水分。

4 取一个干净的汤碗，放入面条，倒入酱料，加入芝麻酱，撒上葱花，食用时拌匀即可。

拌·功·秘·诀

榨菜味道偏咸，食用时可以加入少许醋拌匀，这样味道会更好。

花生芝麻酱拌面

烹饪时间：4分30秒　口味：清淡

原料准备

板面…………170克

上海青…………25克

调料

花生酱…………10克

芝麻酱…………20克

甜面酱…………少许

食用油…………适量

制作方法

1 将洗净的上海青切开，再切成小瓣；用油起锅，放入芝麻酱、甜面酱、花生酱，炒至材料散出香味。

2 注入清水，拌匀，制成花生芝麻酱，盛入碗中，待用。

3 在锅中加水烧开，倒入板面煮熟；捞出面条，沥干；将锅中的面汤煮沸，放入上海青，煮至断生，捞出。

4 取一个干净的汤碗，倒入面条，放上上海青、花生酱、芝麻酱即可。

拌·功·秘·诀

焯煮上海青时可以加入少许盐，这样能减轻其涩味；沸水中加入板面后要迅速搅散，以免粘在一起。

麻酱拌面

烹饪时间: 5分30秒　　口味: 清淡

原料准备

面条	160克	绿豆芽	30克
黄瓜	80克	芝麻酱	15克
胡萝卜	60克	水发海蜇丝	35克
火腿肠	55克	熟白芝麻	少许

制作方法

1 将洗净的黄瓜切成细丝; 将洗净去皮的胡萝卜切成细丝; 将火腿肠切片, 再切细丝, 备用。

2 在锅中加水烧开, 放入洗净的绿豆芽, 拌匀, 煮至断生后捞出, 沥干水分。

3 在沸水锅中倒入胡萝卜丝, 搅散, 煮约1分钟, 至其熟软后捞出, 沥干水分, 待用。

4 在沸水锅中倒入洗净的海蜇丝, 拌匀, 煮至其变软, 捞出, 沥干水分, 待用。

5 在锅中加水烧开, 放入面条煮熟, 捞出, 装入碗中, 放入焯熟的胡萝卜丝。

6 撒上火腿丝、绿豆芽、海蜇丝、黄瓜丝。

7 加入芝麻酱、熟白芝麻, 食用时拌匀即可。

拌·功·秘·诀

芝麻酱可以用少许辣椒油调成味汁, 食用时淋在面条上, 这样口感会更佳。

清爽自制拌面

烹饪时间：24分钟　　口味：鲜

原料准备 🥬

小麦面粉···· 300克
生菜············50克
熟豌豆·········50克
西红柿·········80克
黄瓜············70克

调料 🥄

盐··············4克
白糖············2克
生抽··········5毫升
芝麻油········3毫升
辣椒油········适量
沙茶酱········20克

制作方法 🍚

1 将洗净的黄瓜切丝；将洗净的西红柿切成瓣；将洗净的生菜切成丝。

2 往小麦面粉里加盐、清水，制成面团，用保鲜膜封住面团碗，待其发酵20分钟。

3 在面板上撒上面粉，将面团擀薄，叠成数层，切成条状，撒上面粉搅散，制成面条。

4 取一个干净的碗，放入生菜、黄瓜、西红柿、熟豌豆。

5 加盐、白糖、生抽、芝麻油、辣椒油，搅拌匀。

6 在锅中加水烧开，倒入面条煮至熟软，放入凉开水中放凉，捞出备用。

7 将面条装入碗中，倒上拌好的蔬菜，放上沙茶酱即可。

🥢 **拌·功·秘·诀**

喜欢弹牙口感的可以将煮好的面条倒入冰水中过凉，口感会更好。

肉酱拌面

烹饪时间：17分钟　　口味：辣

原料准备

油面…………300克

肉末…………100克

西红柿………100克

蛋清…………20毫升

熟花生米……35克

豆瓣酱………30克

蒜末…………少许

调料

盐……………2克

鸡粉…………2克

生抽…………5毫升

料酒…………3毫升

水淀粉………4毫升

辣椒油………4毫升

胡椒粉………少许

葡萄籽油……适量

制作方法

1 将洗净的西红柿切成丁；将花生米拍碎。

2 取一个干净的碗，倒入肉末、蛋清，加少许盐、鸡粉、胡椒粉、料酒，拌匀，腌渍10分钟。

3 在锅中加水烧开，放入油面，拌匀，煮约4分钟至熟软，捞出；沥干水分，装入盘中。

4 将锅置火上，倒入适量葡萄籽油，放入蒜末，爆香；倒入肉末，炒散。

5 加入豆瓣酱、西红柿，炒匀；加入生抽、料酒、清水、鸡粉，煮沸，大火收汁。

6 放入水淀粉、辣椒油，炒匀，制成酱料。

7 将酱料浇在油面上，再撒上花生碎即可。

拌·功·秘·诀

豆瓣酱中含有较多的盐分，凉拌食材的时候，可以少加盐或者不加盐。

创意炸酱拌面疙瘩

烹饪时间：5分30秒　　口味：鲜

原料准备 🥜

面团·············220克

苏打饼干·······20克

肉末············40克

胡萝卜··········30克

姜末············少许

蒜末············少许

葱花············少许

高汤········350毫升

调料 🥄

盐·················2克

鸡粉·············2克

料酒···········3毫升

生抽···········4毫升

甜面酱·········12克

水淀粉·········适量

食用油·········适量

制作方法 🍲

1 将胡萝卜去皮洗净切成小丁；起油锅，倒入肉末炒变色，撒上姜末、蒜末、葱花，炒香。

2 加入料酒、生抽、甜面酱，炒匀；倒入胡萝卜丁，注入清水，加盐、鸡粉调味。

3 用水淀粉勾芡，盛出，即成炸酱调料。

4 在炒锅中加水烧开，将面团分成数个面疙瘩生坯，放入沸水中，煮至熟透，盛出。

5 另起锅，倒入高汤，淋入生抽，加入鸡粉、盐，煮沸，即成汤料。

6 把煮熟的面疙瘩装入碗中，盛入汤料，放入苏打饼干、炸酱调料即成。

🥢 **拌·功·秘·诀**

面疙瘩最好做得小一些，这样更容易煮熟透；最后可撒点香葱，淋上热油，则香味更浓郁。

鸡丝凉面

烹饪时间：4分钟　　口味：鲜

原料准备

面条·············80克
黄瓜·············20克
黄豆芽··········20克
鸡胸肉··········60克
熟白芝麻······少许
葱花·············少许

调料

盐·················3克
生抽············6毫升
鸡粉············3克
芝麻酱··········8克
水淀粉··········适量
芝麻油··········适量
食用油··········适量

制作方法

1 将洗净的黄瓜切成细丝；将洗好的鸡胸肉切成细丝，加盐、鸡粉、水淀粉、食用油，腌渍入味。

2 将黄豆芽焯水，捞出；将面条煮熟软，捞出。

3 以油起锅，倒入鸡肉丝，滑油至变色，捞出。

4 取一个干净的大碗，放入面条、鸡肉、黄瓜、黄豆芽，加入生抽、盐、鸡粉、芝麻油、芝麻酱、葱花、熟白芝麻，搅拌均匀即可。

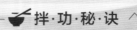

拌·功·秘·诀

面条煮好后可过一下凉开水，这样可以使面条更爽口。

凉拌粉丝

原料准备

水发粉丝·······100克

蒜末···········25克

姜汁···········10毫升

芥末汁·········5毫升

葱花···········少许

香菜···········少许

调料

盐·············1克

白糖···········1克

生抽···········5毫升

芝麻油·········5毫升

陈醋···········5毫升

花椒油·········2毫升

辣椒油·········2毫升

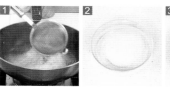

制作方法

1 在沸水锅中倒入泡好的粉丝，稍煮30秒至熟。

2 捞出煮好的粉丝，放入凉水中浸泡片刻，捞出摆盘。

3 取一个干净的碗，倒入蒜末、姜汁、芥末汁，加入生抽、芝麻油、陈醋、白糖、辣椒油、花椒油、盐，拌匀，制成调味汁。

4 将调味汁淋在粉丝上，撒上葱花、香菜即可。

拌·功·秘·诀

粉丝倒入沸水中后要迅速搅散，以免粘在一起，煮的时间不宜过久，以免影响食用口感。

PART 7 主食有营养，配菜拌食都是主角儿　　217

拌·功·秘·诀

粉丝焯熟后可过一下凉水，能使其口感更清爽。

家常拌粉丝

烹饪时间：2分钟　口味：辣

原料准备

熟粉丝·········240克
菜芯············75克
水发木耳·······45克
黄瓜············60克
蒜末············少许

调料

盐··············2克
鸡粉············2克
芝麻油·········7毫升
辣椒油·········6毫升

制作方法

1 将洗好的木耳切碎；将洗净的黄瓜切段，再切片，改切成细丝。

2 将洗净的菜芯切成段，把菜叶、菜梗切成细丝，备用。

3 取一个干净的大碗，倒入菜芯、熟粉丝、黄瓜、木耳，撒上蒜末，加入鸡粉、盐、芝麻油。

4 淋入辣椒油，拌匀，至食材入味；将拌好的食材盛入盘中即成。

紫甘蓝拌粉丝

烹饪时间：3分钟　口味：清淡

原料准备

紫甘蓝·········160克

彩椒············20克

水发粉丝·······90克

香菜段·········45克

葱丝············适量

蒜末············少许

调料

盐··············2克

鸡粉············2克

白糖············1克

陈醋··········15毫升

生抽··········6毫升

芝麻油······10毫升

制作方法

1 将洗净的彩椒切成细丝；将洗净的紫甘蓝根部去除，改切成细丝。

2 在锅中加水烧开，放入粉丝，焯至熟软，捞出沥干。

3 取一个干净的大碗，倒入紫甘蓝、香菜梗，加入蒜末、葱丝，倒入粉丝、彩椒，拌匀。

4 加入盐、白糖、鸡粉、陈醋、芝麻油，淋入生抽，拌至食材入味，倒入香菜叶拌匀即可。

拌·功·秘·诀

食材焯水的时间不宜太长，否则会影响其脆嫩的口感。

菠菜拌粉丝

烹饪时间：3分钟　口味：辣

原料准备

菠菜…………130克
红椒…………15克
水发粉丝……70克
蒜末…………少许

调料

盐……………2克
鸡粉…………2克
生抽…………4毫升
芝麻油………2毫升
食用油………适量

制作方法

1 将洗净的菠菜切成段；将泡好的粉丝切成段；将洗净的红椒切成丝。

2 在锅中加水烧开，倒入少许食用油，将粉丝倒入滤网中，放入沸水中烫煮片刻，捞出待用。

3 把菠菜倒入沸水锅中，煮约1分钟；放入红椒丝，拌煮片刻；捞出，备用。

4 取一个干净的碗，将菠菜和红椒放入碗中，再放入粉丝，倒入蒜末、盐、鸡粉、生抽、芝麻油，拌匀即可。

拌·功·秘·诀

菠菜要先洗后切，如果先把菠菜切开再清洗，菠菜的营养容易被水带走。

拌·功·秘·诀

皮蛋在冰箱中冷藏一会儿再切，更容易保持成品的完整性。

原料准备

水发粉皮……180克
松花蛋………140克
葱花…………适量
香菜…………少许

调料

盐、鸡粉……各1克
生抽…………3毫升
花椒油………2毫升
陈醋…………4毫升
辣椒油………10毫升
芝麻酱………少许

制作方法

1 将洗净的香菜切成小段；将去壳的皮蛋切开，再切小瓣，备用。

2 取一个干净的小碗，加入芝麻酱、盐、鸡粉、生抽。

3 淋入花椒油、陈醋、辣椒油，拌匀；倒入香菜、葱花，拌匀，调成味汁，待用。

4 另取一个干净的盘子，盛入粉皮，放入松花蛋，浇上味汁即可。

烹饪时间：3分钟　口味：辣

粉皮松花蛋

  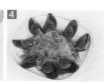

粉皮拌荷包蛋

烹饪时间：6分30秒　　口味：辣

原料准备

粉皮…………160克

黄瓜…………85克

彩椒…………10克

鸡蛋…………1个

蒜末…………少许

调料

盐……………2克

鸡粉…………2克

生抽…………6毫升

辣椒油………适量

制作方法

1　将洗净的黄瓜切成片，再切成细丝；将洗净的彩椒切成片，再切成丝，备用。

2　在锅中加入适量清水烧开，打入鸡蛋，用中小火煮约5分钟。

3　关火后捞出煮好的荷包蛋，放凉后切成小块，备用。

4　取一个干净的大碗，倒入泡软的粉皮，放入黄瓜丝、彩椒丝，拌匀，撒上蒜末。

5　加入盐、鸡粉，淋入适量生抽、辣椒油。

6　搅拌匀至食材入味。

7　把拌好的食材盛入盘中，放上切好的荷包蛋即成。

拌·功·秘·诀

煮荷包蛋时可轻轻搅拌，这样鸡蛋才不会粘在锅底；食材切丝要细，口感会更好。

豆芽拌粉条

烹饪时间：3分钟　　口味：辣

原料准备

水发红薯宽粉280克

黄豆芽·········100克

朝天椒·········20克

蒜末·············少许

调料

盐···················2克

鸡粉···············2克

生抽···············3毫升

陈醋···············3毫升

辣椒油···········2毫升

亚麻籽油·······适量

制作方法

1 将洗净的黄豆芽的根部切去；将粉条切段；将朝天椒洗净切成圈。

2 在锅中加入适量清水烧开，放入适量盐、亚麻籽油。

3 倒入豆芽、粉条，煮约1分钟。

4 把煮好的豆芽和粉条捞出，沥干水。

5 把豆芽和粉条装入碗中，加入朝天椒圈、蒜末。

6 放入适量盐、鸡粉、生抽、陈醋、亚麻籽油，拌匀。

7 再加辣椒油拌匀；将拌好的菜肴盛出装盘即可。

拌·功·秘·诀

粉条煮至熟软，捞出后要立即放入白开水中浸泡，这样能保持粉条的韧性，凉拌时口感更好。

虾酱凉拌河粉

烹饪时间：5分钟　　口味：清淡

原料准备

虾仁…………80克
西红柿………100克
黄瓜…………100克
花生米………50克
河粉…………400克
罗勒叶………少许

调料

盐………………2克
鸡粉……………2克
白糖……………3克
虾酱……………5克
鱼露…………2毫升
辣椒油…………适量
生抽……………适量
米醋……………适量
食用油…………适量

制作方法

1　将洗净的黄瓜切成细丝；将洗好的西红柿去蒂，切成粗丝；将处理好的虾仁横刀切一刀，不切断。

2　以油起锅，倒入花生米，炸至酥脆，捞出。

3　在锅中加水烧开，倒入虾仁，焯煮至变红，捞出，放入凉水中，冷却后装入盘中。

4　在锅中加水烧开，倒入河粉，稍煮片刻，捞出，过凉水，放入碗中。

5　在碗中加西红柿、黄瓜、花生米、罗勒叶、虾仁。

6　然后放盐、鸡粉、生抽、鱼露、米醋、白糖、辣椒油、虾酱，拌入味，装入盘中即可。

拌·功·秘·诀

花生米的红衣营养价值较高，可不用去除；添加调料可以根据个人喜好酌情增减用量。

韩式拌魔芋丝

烹饪时间：1分20秒　　口味：辣

原料准备
魔芋丝·········300克
黄瓜···········130克
雪梨···········130克
蒜末············适量
葱花············少许

调料
韩式辣酱·······30克
白糖···········2克
生抽···········10毫升
陈醋···········10毫升
芝麻油·········5毫升
盐·············2克

制作方法

1 将洗净的黄瓜切成若干圆片，然后将剩下的斜刀切薄片，再切成丝。

2 将洗净的雪梨切开，去核切片，改切成丝。

3 在锅中加水烧开，倒入魔芋丝，加入少许盐，搅匀，焯煮1分钟；捞出，沥干水分。

4 取一个干净的碗，碗底码上黄瓜丝、雪梨丝，再堆上魔芋丝，摆上黄瓜片。

5 另取一个干净的小碗，放入蒜末、盐、白糖。

6 淋入适量的生抽、陈醋、芝麻油，搅匀制成味汁，浇在魔芋丝上。

7 倒入韩式辣酱，撒上葱花，拌匀即可食用。

拌·功·秘·诀

煮好的魔芋丝可以放在冰水中浸泡片刻，口感会更凉爽；黄瓜丝可焯煮断生后再摆盘。

烙饼拌豇豆

烹饪时间：7分钟　　口味：辣

原料准备

豇豆·········· 300克

烙饼·········· 150克

蒜末·········· 少许

调料

盐·············· 2克

白糖·········· 2克

鸡粉·········· 3克

芝麻油······ 10毫升

辣椒酱········ 20克

制作方法

1 将洗净的豇豆切成小段；烙饼切成丝。

2 在锅中加入适量清水烧开，倒入豇豆，焯煮片刻。

3 关火，将焯煮好的豇豆盛出，沥干水分，装盘备用。

4 取一个干净的碗，倒入豇豆，加入盐、白糖、鸡粉、蒜末、辣椒酱，用筷子搅拌均匀。

5 加入芝麻油，拌匀，放置5分钟使其入味。

6 倒入烙饼丝，拌匀。

7 将拌好的菜肴夹出，摆放在盘中即可。

拌·功·秘·诀

将豇豆提前焯煮片刻，可有效去除其豆腥味；喜欢酸辣口感者，可添加适量凉拌醋。

拌·功·秘·诀

菠菜在焯水时可加入少许食用油，焯煮出来的颜色会更翠绿。

原料准备

菠菜⋯⋯⋯⋯⋯90克
热米饭⋯⋯⋯100克
芝麻酱⋯⋯⋯⋯40克

调料

盐⋯⋯⋯⋯⋯⋯1克
芝麻油⋯⋯⋯5毫升

烹饪时间：二分钟　口味：淡

芝麻酱菠菜拌饭

制作方法

1 在锅中加水烧开，倒入洗净的菠菜，焯约1分钟至断生；捞出焯好的菠菜，沥干水分，装入盘中，备用。

2 取一个干净的碗，倒入芝麻酱，倒入清水至稍稍没过碗底。

3 淋入芝麻油，加入盐，拌匀，制成麻酱。

4 将焯好的菠菜放在米饭上，放上麻酱即可。